U0924680

做自己的职场情绪教练

林佳慧　林惠兰——著

BE YOUR OWN WORKPLACE EMOTIONAL COACH

四川文艺出版社

图书在版编目（CIP）数据

做自己的职场情绪教练 / 林佳慧，林惠兰著 . -- 成都：四川文艺出版社，2022.3

ISBN 978-7-5411-6249-7

Ⅰ . ①做… Ⅱ . ①林… ②林… Ⅲ . ①情绪－自我控制－通俗读物 Ⅳ . ① B842.6-49

中国版本图书馆 CIP 数据核字（2022）第 027263 号

著作权合同登记号　图字：21–2021–534

ZUOZIJI DE ZHICHANG QINGXU JIAOLIAN

做自己的职场情绪教练

林佳慧　林惠兰　著

出品人　张庆宁
选题策划　北京斯坦威图书有限责任公司
编辑统筹　李佳铌
责任编辑　程　川　蔡　曦
封面设计　WONDERLAND Book design 仙境 QQ:344581934
责任校对　汪　平

出版发行　四川文艺出版社（成都市槐树街 2 号）
网　址　www.scwys.com
电　话　028-86259287（发行部）028-86259303（编辑部）
传　真　028-86259306

邮寄地址　成都市槐树街 2 号四川文艺出版社邮购部 610031
印　刷　天津画中画印刷有限公司
成品尺寸　147mm × 210mm　开　本　32 开
印　张　6　字　数　110 千
版　次　2022 年 3 月第一版　印　次　2022 年 3 月第一次印刷
书　号　ISBN 978-7-5411-6249-7
定　价　46.80 元

改变，从自己开始

我们写这本书源于我们担任心理咨询师及企业教练多年，不论是在咨询、辅导个案或是课堂里，绝大部分的课题都是跟情绪、关系相关。特别是职场人容易有“我没有问题，有问题的是他，反正千错万错都是别人的错”的心态。因此，总想找到知识、技术来改变“他人”，却不了解“将他人问题化及标签化”就是焦虑升温以及关系渐行渐远的开端。

职场的人际相处，节奏相对是快的。因此，当遇到一些事情或是需要立即处理的问题时，几乎没有足够的时间寻找事实真相或了解问题的来龙去脉。特别是当对问题了解不够，就对其下结论并处理时，会使很多的事实被淹没，有些情绪被压抑，这些情绪没有被进行适当地处理，长期累积下来，在职场里就会导致更多的焦虑在底层流动，进而形成诸多身心症状。

企业和组织的快节奏行动容易使人在面临问题时产生“见树不见林，或见林不见树”的处理方式，仅处理了表象，根本问题没有得到解决，因此类似的问题会不断发生、循环。

鲍恩理论（Bowen Theory）涵盖八大概念，盛行于欧美的企业与组织中，是最适合被运用在职场的心理学理论之一。鲍恩理论强调要以系统思考的方式了解个体和群体是如何相互影响的，它帮助我们看见组织里人际互动中有什么样的焦虑情绪存在，这些焦虑情绪未被处理，就可能形成职场人的急性压力，引发更多的情绪性反应。因此，太单一的问题处理方式只是治标，而不是基于整体组织更大利益的思考或评估。

很多管理类的书籍都在教导人们如何改变他人、如何管理他人，而学习鲍恩理论的重点在于要把科学知识先运用在自己身上。通过系统方式思考及调整自己在人际关系当中的互动模式，进而改善人际关系。所以学习理论不在于改变别人，而是在于增加自己的选择，同时通过理论去看懂或者理解别人，有能力促进人际关系的和谐，共创更大的利益。

我们两人，一位是心理咨询师，一位是企业教练，有各自的咨询与辅导经验，但也同时对鲍恩理论有所钻研，当将此理论在工作中实践运用时，确实可以为职场人“看见自己、整合自己”提供极大的帮助。因此，我们决定将我们的经验整理、整合，联合编写此书。

书中所有案例均来源于我们的个人观察以及实际咨询，但为了保护个案隐私，我们将数个类似个案综合模拟成职场常见案例。若您在阅读时，觉得故事像在说您自己或熟悉的人，那是因为我们生存在共同的文化环境和价值观中，必然会有巧合。

这本书的目的是，期待职场人都能成为自己的情绪教练，即使非心理、社工或相关工作的人，也可以运用并察觉到自己的身心状态与人际互动模式。

我们试着把鲍恩理论搭配案例做诠释，并在每个段落提供自我觉察练习单，相信若能持续练习一段时间，您将能运用自我觉察所得的发现，协助自己朝更有意义、更期待的方向发展。

目录

第1章　认识鲍恩理论，探寻情绪地雷

1-1　我到底怎么了？ / 004

1-2　鲍恩理论 / 012

第2章　八种常见的情绪地雷

2-1　情绪融合，寻求认同感 / 024

2-2　情绪切割的自我保护 / 038

2-3　手足排行如何影响人际关系 / 052

2-4　高、低功能者是互惠模式 / 070

2-5　情绪系统让人“治标不治本” / 085

2-6　情绪中的三角关系 / 098

2-7　代际传承：成功模式能复制吗？ / 108

2-8　社会情绪历程 / 117

第3章　情绪排雷：有意识的自我分化

3-1　自动化情绪历程 / 126

3-2　主动进化你的人际关系 / 131

第4章　从融合到自我分化之路

4-1　找出你的症状 / 163

4-2　找出你的压力源 / 166

4-3　画出你自己的家庭图 / 168

4-4　核心家庭情绪历程 / 175

4-5　运用理论，成为更好的自己 / 180

第 1 章

认识鲍恩理论，探寻情绪地雷

一天二十四小时，我们几乎有1/3到1/2（甚至更多）的时间花在职场上；如果从大学毕业算起，一直工作到六十五岁退休，我们一生有超过四十年在工作，这样算起来，人花在工作上的时间占相当高的比例，职场的人际关系、目标、绩效、成就，自然而然会深深牵动着你我的感受。

特别是情绪如果没有好好处理，就会影响工作与下班后的生活质量。如果说时间质量就是生命质量，占去我们时间最多的职场生活所引发的情绪状态更无法被忽略。

尽管我们有意识地自我警惕："不要把工作和情绪带回家。"但那毕竟是理想状态，情绪像一阵风、一股气流，被引动着，我们用理性让大脑下令"切割"，就能不再生气或烦躁是很难的。简单说，如果情绪这么好处理，你也不需要读这本书了，不是吗？

也许你会困惑：

"为什么要看见情绪？"

"有情绪不好吗？"

"情绪一来，设法控制，不就好了吗？"

其实情绪本身不是问题，面对情绪所产生的反应，才是我们该去讨论的。举例来说，在职场上都会遇到需要上台做报告或主持会议的时候，对于喜欢上台做报告、主持会议的人而言，当他接到这样的任务，他的反应是兴奋的，想着可以接受挑战；但是对于不习惯上台表现自己，或对上台有畏惧的人而言，当任务下达的时候，他第一反应可能是紧张、可能是压力，所以在准备的过程中，如果可以逃避，他也许会选择逃避。

这就是同样一件事，因不同情绪带来不同的反应和影响而表现出不同的行为。在职场上我们常会听到“谁的情绪很稳定”“某某的情商很高，他都不会生气”之类的话，通过这种赞赏，可知在职场当中受到认可的，都是不表现情绪的部分，因此为了得到更多的赞赏，人们更不敢轻易表现与反应真实的情绪。

1-1　我到底怎么了？

职场上一定会遇到沟通问题、挫败感等，如果只是一味用高标准来要求自己要保持好情绪，这未免偏离人性，甚至会成为一种苛求。一旦陷入必须高情商的误区，很可能只是把情绪隐藏起来，没有出口，也没进行处理。当累积到一定程度，情绪无法再用理性高墙围堵控制时，就容易在不经意间引爆，导致情绪失控。习惯了你总是高情商面对问题的人，可能会对你的失控感到诧异，却不知道你背后其实累积了许多没有处理的压力和情绪。

即使你总是能将情绪隐藏起来，但情绪长期累积下来会流窜到身心各个层面，最后会反应在我们熟悉的各种身心病症上。例如，睡眠质量越来越差、过敏、抵抗力差、免疫力降低，常感冒或肠胃不适、肩颈肌肉紧绷等。

多数人只注意到身体症状，却不会细想：“我到底怎么了？”忽略了将身体上的症状跟心理上的焦虑联结起来。当然更不会深度思考自己在焦虑什么。

我的内在系统发生了什么事？我的内在系统跟关系系统之间又发生了什么事？跟整个工作单位系统间发生了什么事？

情绪地雷或健康状态只是表层症状，这背后隐藏着更大、更根本的问题，也就是说，身体症状通过医学治疗可以减缓，但是情绪背后的原因如果没有面对和处理，可能会一再引爆，让人不堪其苦。

为什么会有情绪地雷？

接着，我们进一步分析职场常见的问题，以及为什么会有情绪地雷？

第一类是职场所有人都可能会面临的情绪议题

1. 工作价值与自我认同：选择这份工作，是迫不得已，还是符合专长兴趣？是追求高薪，还是为实现梦想？工作只是完成，还是要能满足成就感？

我国的文化中不鼓励做自己，因此自我认同感往往显得薄弱，常需依赖外在条件来证明自己，例如高绩效、开名车、戴名表、被主管肯定、被公司表扬等。在我国的家庭里面，我就常听到，当孩子考一百分回来时候，父母都说：“哇！你好棒！”在公司的表现也是，当拿到绩效第一名、签成合约、投标成功的时候，会受到主管赞扬。

我们习惯用结果来做赞赏与肯定，自我价值的认定常跟结果画上等号，因此如果工作成绩不再如从前的表现，或者在工作上不再像一开始被赞赏，就可能会用拖延或回避的方式来应对。我们常会以工作表现、他人肯定等同自我价值的认知，一旦除去这些外在肯定，整个人如被抽空一样，自我认同感就会瞬间崩解。

我曾经遇过的案例中有一位缺乏自我认同感的下属，渴望获得主管赞美，不断在关系里寻求认同，当有些表现没被实时肯定，就会感到失落。

2. 竞合关系与职场人际：与平行同事、上司、下属、合作单位、客户的相处，有可能因立场不同而有沟通上的分歧，或因价值取向、喜好、成就标准不同而产生争议。

同事之间因项目常有合作的机会，但当处理不同项目时，就难免会产生隐形竞争，如果这个表现会影响到奖金发放、考核、考绩，或是在公司的制度中，考绩评等结果来自主管的主观评估，此时同级之间的竞争就难以避免。譬如有些公司的规定是各项考绩的名额是固定的，甲等五人、乙等五人，同级之间在这一整年就是一种隐形的竞争关系，常会在项目合作时呈现出不合作的态度，争功诿过，“团队合作”流于形式，与其谈合作，不如“兄弟爬山——各自努力”实际。

除了竞争比较外，有时不管是非对错，我们爱讲“有关系或没关系”，关系远近凌驾于能力、是非之上，因为“我跟你关系好，所以我永远都站在你这边，你说了算，我挺你”。以关系远近做决策判断，过度的亲近或疏离，其实都是拿感情当筹码的交换。

3. 代际之间价值观不同：代际之间的价值观不同，行为惯性、处理事情的态度与方式都不一样。我国社会的传统思想向来强调忠恕、忍让，因而在职场中，我们可以看到，很多人一辈子只在一个职位上努力，或者服务一家公司一直到退休。因此，有些企业前辈不是很善于表达情绪，比较在意团队的共同成果和目标。而现今教育强调的是独立性、做自己，要有差异与风格。在这之前，默默无闻是合理的状态，现在的时代却要立即被看见、点赞，要被全体认同。

教育改革以及全球化的推进，造成不同文化氛围的改变，这也导致职场代际之间价值观念不同，自然形成代沟。倘若职场上的人没有意识到这一点，前辈与新人的矛盾与纷争就会成为职场代际间情绪的源头。

4. 薪酬与升迁：对一位上班族而言，升迁、薪资标准或奖金发放当然是敏感的话题，不论是同岗同酬，或同岗不同酬，不同公司有各自的制度与评估标准。姑且不论公平与否，如果在做人事布局、升迁或奖励制度时，没办法说服同人，就很容易埋下情绪的种子。举例来说，同时期进入一家公司的同事，特别是同时期又同部门的两人，本来是好朋友，但当其中一人被提拔，而另一个还在原本职位上踏步，这时候原本的好友关系可能就会产生变化。倘若又变成是下对上的下级与主管，双方的心理感受不同，也会影响到他们的情谊及工作表现。不仅薪酬，升迁制度也一样， 很多人选择工作是以升迁制度为优先考量，一旦升迁计划不如预期，对应工作表现与价值就容易产生变化。

以上四个方面都容易引发职场情绪议题，但不仅是普通员工，主管也有他的情绪地雷。

第二类是主管的情绪地雷

1. 绩效问题：主管的领导能力高低通常会以“绩效”表现作为评估，每年 KPI[1]完成度就是主管的考核标准。然而 KPI

1. Key Performance Indicators，关键绩效指标。

的评估方式大多是以今年完成的业绩基础往上加一定比例的成长率，因此“如何保持与超越”成了主管们的压力来源。

2. 培育下属：一位具有领导力的主管，不是事必躬亲，而是可以权责下放，在这之间又需要智慧、判断力与经验累积。如何识人？如何培育？如何分配人力？不仅考验主管对领导力的认知，更是对主管培育力的考验。

3. 营造团队和谐：没有主管会希望自己的团队成员成天起冲突，但要维系团队和谐也是一项艰巨的任务。不论处理得好或坏，难免会有不同意见，特别是团队成员都有各自的价值系统，为促进团队和谐，如何有效辅导，成为主管的重要课题。

4. 不同部门竞争比较：不同部门都有立场、权益、预算等不同思考角度，也会因此产生分歧，当别的部门编列较多的预算时，自己部门的预算就会被排挤；又或者，当被强势部门坚定立场时，自己的部门可能变成配合角色。因此如何争取到有利于自己部门的立场、预算、权益，甚至发言权，也成为对主管们的考验。

5. 个人水平不及职位需求：对很多人来说，不一定是准备好才当上主管，有时是一次机缘或被提拔就往上升迁。每个职位都有相对应的职能，因此主管们的能力是否能满足职位所需，有时无法向他人说明，只有自己才知道。

当无法正视职能需求时，主管就会深陷无限的工作焦虑中。

6. 创新、开发、改革：一个单位或组织，运行久了难免面临老化问题，身为掌舵者、领导者，主管们要提早应对组织老化或停滞的困境。然而创新、开发与改革，势必会遇到意见的分歧或冲突，因此如何带领组织继续向前，同时又能兼顾现有基础，也考验着主管们的洞察力与沟通力。

情绪的源头

以上举出各种可能产生情绪地雷的源头，并不是要控制情绪的发生，而是要了解情绪为何会被引爆，这并不是一本管理书，不是要去探讨如何做管理，也不是一本职场工作能力的书，所以不是要去讨论你需要哪些技术去控制情绪以及人际关系如何发展。这本书要探讨的是，不管是哪一种情形，当这些状况发生时，我们是如何应对这些事情的；当你应对的时候，情绪又是如何被引爆的，我们要去了解那个情绪的源头。

接下来，我们会透过鲍恩理论，仔细地一步步引导你，去看到形成情绪地雷背后的因素。

1-2　鲍恩理论

莫瑞·鲍恩医师（Murray Bowen, M.D.）一生专注于探索人类行为，他创造了一个新理论：家庭系统理论（family systems theory），也就是鲍恩理论（Bowen theory）。这个理论在1963年形成，于1966年正式发表。

鲍恩理论是一种思考人际互动的知识，可以运用于一般家庭，还能扩展到更广的团体，包括工作场域、大型组织、社群。它清楚说明个人、家庭、组织甚至是社会的情绪样貌。

鲍恩理论又名自然系统观、多世代家族治疗，强调“个人内在系统”与“个体间外在系统”。鲍恩家庭系统观重视思考的历程，也就是重视一个人如何形成想法，远胜于一个人的想法内容。

鲍恩理论由八个相互关联的概念所形成，透过这些概念，我们得以了解个人、家庭乃至职场。它是一个思考人与人之间互动的方式，用以改善关系，稳定家庭和组织。

八大概念简介如下：

一、核心家庭情绪系统（nuclear family emotional system）：每一个核心家庭都是一个情绪单位。人们在家庭中一起生活，当家人关系紧绷时会彼此传递焦虑情绪，焦虑情绪自动流转在关系系统之中，衍生出四种典型的关系“姿态”或“模式”，这些模式是：

- 冲突
- 疏离
- 高功能/低功能的互惠关系
- 三角关系

当家人间的焦虑情绪上升时，这四种模式容易被用来处理焦虑情绪，使用过多就会成为习惯。反过来它们会制造焦虑情绪，循环下去，就容易有多位家庭成员产生症状。

二、自我分化（differentiation of self）：一个人能发展多少“自我”，深受童年与青少年时期家庭关系与社群团体的影响。自我分化就像是细胞分裂一样，能够从紧密融合的关系中成长为独立的个体。

分化较好的人，能较好地分辨理智系统与情绪/感觉系统，因而能有更多选择，在大多数领域中都会表现较好。相反，分化较不好的人则选择很少或甚至没有选择，表现也较差，需要他人的肯定与认同，或独断地施压控制他人。

一个自我分化良好的人，可以在不同的关系系统中清楚地“界定自我”，面对压力及冲突时，经过思考后做决定、产生行动，不被情绪性思考控制。自我分化好的人也会考虑他人及团体，做出对整体有益的选择，而不是只顾自己的利益。

三、三角关系（triangle）：三角关系是最小的稳定关系系统。在二人关系不稳定，压力和焦虑超出二人关系所能负载时，第三者通常会被这两人吸引或拉进去，形成其中的两人是“圈内人”，而另一人则是“圈外人”的状况。

把关注焦点集中在孩子身上就是三角关系的典型例子，父母忽略伴侣间真正的问题，或缺乏解决问题的办法，而转移注意力将焦虑传递及转移给孩子。

四、情绪切割（emotional cutoff）：指的是互为重要关系的两人为了减少互动上的冲突，而选择心理上彼此之间不再接触。在关系中，最极端的疏离就是情绪切割。短时间来看，这样的做法可能会带来短暂的解压，但长期来说，它会造成严重的影响，冲击个人的生活及其他领域，致使出现人际关系问题，同时还带有情绪性、生理性、社交性等其他症状。

五、家庭投射历程（family projection process）：父母直接教育或潜移默化将大人的问题和长处传递给孩子，其中影响最多的是对关系的敏感度。然而每个孩子在家庭中吸收焦虑情绪程度不尽相同，所以对每个孩子的影响也不同，吸收愈多焦虑情绪的孩子，愈容易在投射历程中削弱自我的功能及产生相对应的症状，这将会影响自我分化程度。

六、多代传递历程（multi-generational transmission process）：父母通常会影响孩子的发展状况，而孩子天生就会回应父母的情绪、态度和行动，因此孩子的自我分化往往会跟父母很接近，就算同一个家庭中成长的手足，还是会有人分化比父母多一些，有人分化比父母少一些，几代后，家族成员中会有显著的分化差距。当家庭投射历程在家族的几代间传递，就称为多代传递历程。

七、手足排行（sibling position）：就算在同一个家庭长大，每一个孩子有着不同的成长经验，透过家庭投射历程以及多代传递历程，在每个人身上都会形成独特的组合。手足排行对人格形成具有决定性作用，而我们的表现会依据手足排行与性别交互作用，成为个人的强项与弱点。因此，没有哪一个出生排行特别“好”，每一个出生排行都有其关系的状况以及带来的挑战与长处。

八、社会情绪历程（social emotional process）：鲍恩理论不只用于家庭，还可以运用在各种不同的团体与组织中。社会情绪历程就是在说明情绪系统主导社会、团体及组织中的行为，进而形成社会的进步与退化周期。当普遍处于高焦虑的状态时，就会有比较多的社会问题，离婚、暴力、犯罪事件、族群对立等的发生概率会增加，虽然无法确定究竟是什么引发了这种社会退化，不过，这些都有一个共同线索，那就是与生存威胁有关。

个人情绪与人际的关系

这八个概念构成了鲍恩所提的正式理论。在这本书中，我们将透过鲍恩理论来观察职场的你，以及你与同人、上司、下属或客户之间的情绪反应与流动，进而分析解构每个人在工作中遇到的困境及其背后更深层的问题。

鲍恩理论只有八大概念，不需要心理学专业背景就能读懂，只要想了解自己，想了解情绪、认知、行为模式的系统，鲍恩的八大概念就能帮助你向内看到自己，而且可以了解自己对外面临的人、事、物与对应方式。

从鲍恩理论看个人：

个人内在系统怎样运作？

个人内在情绪是怎样流转的？

个人内在情绪及系统是由怎样的脉络所形成的？

从鲍恩理论看人际：

人我之间是什么关系？

我们是因怎样的脉络造成现在的关系？

为什么我们之间总是这种互动模式？

用鲍恩理论的八大概念对个人及人际之间的互动分析，不仅可以看到自己的行为模式，更可了解个人内在系统的运作，同时理解组织、所属单位、公司团队等之中的情绪流动状态。善用鲍恩理论，等于为自己开启系统化的思考眼光，看见自己，透视系统。

我们会以案例来说明每一种概念的实际状况为何，协助你辨识自己在职场中的状态与反应，同时也能明白别人情绪背后的真相。从鲍恩理论来看，不论是人与人相处的问题，还是价值观的差异，或是个人目标与公司目标的冲突，都摆脱不了与过去的经历、与原生家庭的联结的关系。

例如，小时候常常被迫介入父母的冲突，可能就会自动化地想要避免冲突，不喜欢看到父母吵架，只要大人一吵架，甚至打起来，孩子就会躲到另一个空间，因此长大后面对冲突时，可能会转身逃避，或退到观察者角色，选择不介入，先看别人的状态后再决定自己的行动模式。又或者在职场上希望自己维持在光鲜亮丽的状态里，不论任何时刻，都要是好的状态，脸书（Facebook）打卡分享的，也一定是好玩的、好吃的，所有的呈现都要是正向的、快乐的，只能报喜不报忧。

我们在工作中也可能会遇到类似的情形，你也许会懊恼："为什么自己一再重演同样的剧本？""为什么老是遇不到友好的主管？""为什么我的同事可以懈怠，我必须尽责？"

如果总是遇到同样的问题、重复的困扰，这时确实该停下来好好想想自己发生了什么事。

每个人都有自己的一套行为模式，行为模式跟早期经历有密切关系。因为早期经历形成了我们的信念、价值观与行为准则，这些都会在遇到不同的事件或刺激时，或深或浅、或直接或间接地影响我们的情绪反应，从而决定我们的应对方式与行为。

虽然过去的经验与当下的时空已然不同，把过去的经验直接放在现在，可能不适合处理当下的难题，甚至不管用，但若没有发现自己的自动化反应与处理模式，你就会不断困惑：

“怎么问题一直在原地打转，一直重复发生？”

我很喜欢看团队成员所拍的团体照，照片中的所有成员总是看着镜头，笑得特别灿烂。然而在这瞬间美好定格之后呢？只有每一个成员自己才知道自己当下真正的内心状态与情绪，而这正是这本书关心的议题，因为真实生活是在按下快门之后，真实都藏在那些光鲜亮丽的背后，而鲍恩理论能协助你看见自己的情绪，并理解、认识情绪背后的成因。

在第二章后的每个部分都附有“自我觉察练习单”，因为在真实生活里，我们身边不会永远有一位老师、一位心理咨询师，或者教练随时在自己身边。最好的方式是，成为自己的情绪教练，实际操作并觉察，就可以帮助自己看见真实的自己。

“教练”要协助人们在工作与生活中朝向理想的状态发展，而教练所处的位置是在真实的现在与期待的自我之间。我们希望借由本书所述鲍恩理论的引导，助你踏上成为更好的自己之路，做自己最好的情绪教练。

第2章

八种常见的情绪地雷

以二十五岁开始进入职场到六十五岁退休，至少要经历四十年的职场生活。在职场工作，掌控情绪力的好坏，常成为他人评估你工作能力高低的参考标准。然而职场生涯中，有人天天为捍卫立场而情绪紧张冲动，有人为业绩多寡而愁眉苦脸，有人想维持关系和谐而忍让与配合……因而谁能理解情绪、管理情绪，就拥有比他人更好的职场软实力。

在职场中，每位成员的职责不同，各有各的立场与观点，于是常会听到派系之争、理念不合、压力大等抱怨，更遑论来自不同家庭有不同的价值观与经历，即使再微小的事情，都能因为这些不同而引爆出大小不一的情绪地雷。因此，若能理解情绪是如何流动的，对于人际关系与职涯经营都会有很大的帮助。

这一部分的每个例子都是由数个类似的个案综合模拟出职场常见状况来说明情绪地雷是如何被引爆的，这些案例也许在您所属的职场中似曾相识，也许在您自己身上也经历过类似案例主角的经验与感受。接下来我们将通过鲍恩理论的八大概念来理解每位案例主角有如此自动化情绪反应的源头。通过这些案例，我们可看见情绪流动以及情绪地雷为何会被引爆。

2-1　情绪融合，寻求认同感

身为群体的一部分，我们都希望融入关系或团体，为了融入，因此愿意交出部分自我，配合他人或团体，以期换得他人或团体的认同，为此，每个人都有“放弃自我”的一部分，这就是情绪融合。

但交换多少、放弃多少，跟每个人的成长历程有关。然而交出过多自我，以致失去自我的感受，长期下来就会产生焦虑情绪。

在职场中，没有人可以跳脱情绪融合的历程与经验，只是程度多寡的差别。以下我们来看看淑芬的例子。

渴望被看见的淑芬

淑芬为人热心，大家开口要求任何事，只要做得到，她都会全力以赴。但她的拼劲却没有体现在业绩上，业绩表现并不理想。虽然淑芬与同事们相处融洽，关系良好，但只要遇到直属主管，她的善意与阳光就会立刻消失，老是跟主管起冲突，每次开会时，总会因沟通不良而不欢而散。

当淑芬来找我咨询时，我发现她跟主管冲突的背后，是希望获得主管更多的肯定与青睐。希望被主管肯定与青睐，却又频频跟主管对立，这是怎么一回事？让我们先来了解淑芬和家人的关系，以及她在家中的角色。

淑芬在家中排行老大，父母希望她是位听话的长女与尽责的大姐，因而赋予其较多的照顾任务，她也很努力地满足父母的期待——分担家务并照顾弟弟妹妹。淑芬的弟弟学习很好，备受家人重视，因此弟弟只要专心读书就好，不用分担家务。而淑芬任劳任怨地负担起家中大多数的家务，但这些家务无法如考试般有具体成绩单，不仅不容易被肯定，还常被挑毛病，不论淑芬再怎么努力，都无法像弟弟那样轻松获得关爱。“我希望你们看见我，重视我。”这是淑芬的渴望。

于是这份在家里得不到的渴望便延伸到各种人际关系上，包括职场。

了解了淑芬与家人的关系之后，就不难理解为何淑芬在工作上愿意付出很多。她对待同事就像对待弟弟妹妹，在职场上自然扮演起照顾者角色，承担起照顾的任务。

但照顾同事终究不是她的目标，希望被上司看见与肯定才是淑芬努力的方向；一如在家里，照顾弟弟妹妹们，是为了得到父母的肯定。

面对自己的业绩无法提升的情况，淑芬认为是主管偏心，就像父母偏心弟弟一样，但因为不敢直接与父母冲撞，于是把内心的不满与愤怒转嫁到主管身上：

“我牺牲自己做业绩的时间，尽心尽力帮大家处理公务，结果是同事获得出国奖励，虽然我个人的业绩未达标，但这些行为难道不值得奖励？主管就不能帮我一点，让我也能和大家一起出国吗？”

在单位，个人的业绩是考核或奖励的评量标准，即使淑芬有抱怨与委屈，也无可奈何，必须遵守公司的规章。任凭淑芬对其他事情投入再多，个人绩效没有成长，即便有主管协助也是枉然。淑芬一直拿自己对同事的付出当业绩表现不理想的挡箭牌，以此抱怨主管的未关爱，只是这样的情况究竟能持续多久？而淑芬把矛头对准主管，双方僵持久了，关系只能愈来愈紧张。

自我价值建立在他人肯定上

淑芬表现出典型的情绪融合状态，渴望跟大家紧密互动，也期待与主管关系密切，在职场里把焦点都放在融合人际关系上，却从不曾真实面对自己的工作表现。对于情绪融合的人来说，自己的价值建立在满足别人的期待上，至于追求真实自我不在考虑范围内。

淑芬不只为同事奔波，她的讨爱对象也延伸到与客户的关系上。有客户要淑芬帮忙接送小孩，淑芬就只是默默帮忙，不懂得顺势请客户介绍其他客户或反馈自己的业绩，因为她觉得要求反馈太现实。如果淑芬对自己的能力有自信，相信自己能为客户带来更好的服务质量，即使大胆主动地为客户规划更多，也能增进彼此的关系，而不是只帮客户处理这些非专业的额外琐事。

就像恶性循环一样，淑芬因缺乏自我肯定，导致无法用专业取信客户，最后以不符合角色的劳务讨好客户。当然并非不能为客户伸出援手，只是不应本末倒置。淑芬的致命伤，就是在关系中过度付出自我，以致颠倒了职场上的轻重缓急与先后顺序。

淑芬因自我价值感低，需要接受别人的肯定，因此在人际关系上习惯先讨好，把自我交出去给别人，期待别人也交出一点自我，彼此融合在一起。对方如果没有如预期的回应与反馈，淑芬就会很失望。这样错置的期待与结果，当然无法呈现在绩效表现上。不仅公司或主管看不到她的表现，她也感到委屈，认为自己白做工，如同在家里一样，很难得到父母的认可。

关系过度紧密的问题

淑芬是典型希望与别人情绪高度融合的例子，即使与主管不愉快，背后仍是为了想要更融合，才会产生冲突，但也因此导致失望。情绪融合是无法区分你的或我的想法与做法的，他们还会要求我配合你、你配合我，完成融合这件事。

当人与人之间有过多的融合时，自我就会减弱，当情感过度交融，就会因关系太紧密而不允许独特性出现。一旦有不同的想法、做法产生时就会不开心。这就是关系过度紧密造成的。情绪融合过度的人会习惯在一段关系里交出很多自我，这是为了得到未解决的情绪依附（unresolved emotional attachment），也就是早年经历中，在关系里未被满足的渴望，例如：肯定、归属感、安全感、爱等。因此，我交出自我，也希望对方交出一部分自我。在心理学上有个名词叫作“借贷自我”，我跟你借，你跟我借，以此交换来建立关系与感情，这会让彼此处在一种过度紧密且压力很深的状态里。

回到淑芬身上，她对父母的情感渴望未完成，所以转嫁到人生中各种人际关系里，希望透过这些关系索回那些父母未给足的爱。

如果你就是淑芬，或者你身旁有淑芬这样的人，你会怎么面对？

“你们想的要跟我一样”

接下来要分享的故事，同样是情绪过度融合的个案。

看过不少夫妻档在同一个办公室，我有时候不免会想：夫妻在同一家公司工作，究竟是好还是坏？

淑雯和明峰这对夫妻在同一公司工作，但因淑雯到任较早，目前已是该单位的高层领导，晚几年才到任的明峰，虽还在基层工作，但也已是资深员工。每次淑雯要参加或召开组织会议时，明峰都会跟着太太一起出席会议。若是单纯列席、观摩聆听倒也无妨，偏偏他不管开会内容与自己的职责范围是否相关，会因太太的角色，顺势把自己也端上高层领导的角色对同人们说话。也就是说，他不只是出席会议，俨然还握有领导权。严格来说，他的行为已经僭越了自己的权责范围。

但是在旁的淑雯却没吭声，任由自己的丈夫高谈阔论，即使他下达命令扮演指导者，淑雯也从不制止。长时间下来，明峰的高调行为已经惹恼了众人，有些基层员工也被明峰的主观喜好搞得鸡飞狗跳，政策常常一夕数变，完全随着他的情绪走向而决定。

我知道这种情况是因为这个单位的基层员工小庄跑来跟我求助。事情是这样的。

有一次，公司交付一个项目给明峰，并由他主导，但他评估之后，认为会占去自己太多时间且很难看到成效，于是回绝了。上级主管只好找另一名同事来执行这个项目。这名同事就是来向我求助的小庄。

后来有人跑去问明峰："这案子不错啊，不是你要做吗？怎么变成小庄在执行？"

明峰耳根子软，越想越不对，越想越后悔，索性跑去找小庄，并跟小庄商量："我们一起做这案子吧！"

明峰没想到，小庄未考虑淑雯是他主管，根本不领情，断然拒绝他的要求。明峰情绪瞬间崩溃，像小孩得不到玩具那样泪崩，同事们当场吓住了。

"他怎么会这样？"

"那位仗着太太权势，趾高气扬的明峰去哪儿了？"

同事们都窃窃私语。大家不解平常气焰高涨的明峰为何会因这件小事变成一个幼稚的小孩，如此判若两人？

自我界线的界定

同样的，我们先来看明峰和家人的关系，以及在家中的角色。

明峰是家中的独生子，所以父母都很宠他，要什么就有什么，没有得不到的东西，他在成长过程中从没被拒绝过。全家人都以他为核心，加上他的求学历程与成绩表现也都不错，地位就像天之骄子，是家人的希望。因此鲜少受挫的他自然会事事以自己的观点为主，很难从别人的角度看事情。明峰的逻辑与信念是“你们想的要跟我一样”，始终没有机会看见这是他自己一厢情愿的看法。

明峰的一厢情愿也是情绪融合的表现。亦即，不会有分歧，彼此都要一样。你的就是我的，我的也是你的，甚至我的还是我的。“我们是同一国。”比较像是电影或者小说情节， 在真实社会里，人与人的关系怎会是拍胸脯就保证彼此齐心一志呢？更何况，拍胸脯的人还是明峰自己，而非别人！

情绪融合的人，自我的界线往往是模糊的，有的像淑芬那样过度交出自我，也有的像明峰那样要求别人交出自我，认为大家要一样才是团队，才有凝聚力。

公司与组织里是需要追求团队凝聚力，但那不是由握有权力者以“一言之堂”勉强或要求他人屈服，或是去渗透个人的自我界线，要求大家要一样。近年广为人所熟知的情绪勒索，以鲍恩理论来说，就是情绪过度融合，以情绪压力为手段，要求、勉强他人配合、侵犯他人的自我界线。

另外，还有一种“有借有还”的情绪融合概念。我很努力为你好，也要等着你以同等价值还给我；如此，我才能感受我们之间是平等的。若你还给我的不如我的预期或你根本没有还我，那我们的关系就是零，不值得继续下去。

这是“以爱之名”作为渗透，侵犯他人自我界线的体现，其实是在满足自我的需要，认为自己的想法、做法才是最好的，最好大家都照我的方式去想、去做，如果你们没有这样做，就辜负了我的用心。

情绪融合，从关系建立开始，随着互动增加，由生疏到亲密，促进关系的联结。人是群体性动物，情绪融合能让人具有安全感、归属感，但当过度的情绪融合让人失去自我感时，伴随而来的沟通与调整，或因沟通不良而冲突，都将会形成关系里另一项考验与挑战。

若你周遭有类似的人，或是你也有上述淑芬、明峰的经历与感受，可运用以下每小节所附的“自我觉察练习单”来试着找出情绪的来源。

“自我觉察练习单”的目的，是通过有步骤的提问，在自我对话的过程中，协助你从中看见并厘清自己真实的需要与感受，重新检视与他人在关系网络中是如何相互影响与牵动的。你可以采用书写的方式回答，或以提问、回答的方式进行自我对话。过程中将会提供自我检视与觉察的引导，并为如何开启下一步进行指引。

自我觉察练习单

一、暂停：先暂停自己的自动化情绪反应。

此刻的我怎么了？

到底发生什么事？

二、辨识：辨识真实感受，不自我责备，也不问责他人。

我感受到什么？

自我觉察练习单

三、厘清：真实的想法与需求。

我的想法是什么？

我想要的是什么？

四、行为：思考下一步的行动。

我可以做些什么照顾自己的情绪？

我可以做些什么应对外在压力？

2-2　情绪切割的自我保护

前面提到淑芬与明峰的例子都是属于情绪融合，与融合相反的是情绪切割。情绪切割是不管发生什么，都看不到情绪展现，总是四平八稳，像局外人般冷漠，看起来很理智，但对人际关系保持距离，可以理性表达，不让自己与他人有过多情感接触，更遑论交流。

当我们因无法解决的融合或未分化的依附关系而产生焦虑时，为舒缓紧张关系，就从融合中逃离，进而采取情绪切割的方式处理，如此虽然能立即从焦虑情绪中逃开，但这也只是暂时的。

切割，是为了不被伤害

年过三十的业务员阿贵就是如此。

阿贵退伍后就在业务部门里工作，多年来没跳槽、没升迁，也没换过部门。同事对阿贵的印象是很理智，但跟他人保持着距离。阿贵对上司交办的任务，会习惯先表态再拒绝；若拒绝不了，他也会接受主管的命令，不过孤鸟性格的他不跟任何人合作，任何事都是自己一人包办。

不仅工作如此，连休息时也一样。当大家开心时，他冷眼旁观，事不关己，脸部表情永远都是一个样；开会时，他也不会主动发表个人意见，不表达赞成或反对，更不会跟人讨论，永远都只是“看到、听到、收到”的漠然神情。他与同事始终保持着最简单的关系，对话也只有“好”“不好”“可以”，不会多说几句话。

这种特质与行为能在需要大量面对客户并讲求绩效的业务单位里存活吗？答案是：可以，只是很辛苦。

阿贵在进行销售业务时，可以非常理性地对客户分析数字与精算，不与客户产生情感交流，因此与客户进行逻辑而理性的分析后，客户很难产生所谓“冲动购买”的消费行为，所以他成交的都是小额的销售单，很难出现高额度的大单。虽然阿贵自扫门前雪的个性在业务表现上还算稳定，但可以预想的是，若不调整这样的业务模式，迟早会累积出许多问题，因为小单的利润有限，但服务成本、时间成本都很高，阿贵的主管担心他忽略这类潜在问题，因此与他约谈。

“你有没有发现你成交的都是小单，这样以后会产生问题的？”主管问。

“有啊。”他冷冷回，好像主管太大惊小怪。

“有处理或解决的方法吗？”主管继续问。

“有啊，就换商品或提高金额啊！”

“对，那朝这方向可以做点什么？”

“抱歉，虽然如此，但我不认同，因为高单价的商品就投资报酬率来看并不划算。”

“那如何解决服务成本、时间成本都很高的问题？你要如何改进和突破？”主管追问。

“嗯，我会想想看。”

阿贵跟主管长期就是这样的“冷”对话。他总是态度冷漠，业绩也持平，无法升迁是必然的结果。但阿贵可不这么想，他认为自己够认真、够负责，上面交办的事都有达成，但为何就是无法升迁？他表面看似不在意职位，但内心还是愤愤不平。

心理距离

为何阿贵会把自己跟环境做这么绝对的情绪切割？后来我有机会与他对话，才了解到他的家庭情况。

阿贵出身于高冲突家庭，父亲性格较为冷漠，母亲的情绪起伏很大，父母常争执。让他印象深刻的是，有几次父母严重冲突后，母亲带弟弟拖着皮箱离家出走，甚至扬言带弟弟去自杀。年幼的阿贵心里害怕，但也疑惑“妈妈为何不带我一起走？”阿贵在惊恐背后藏着深深的失望与疑惑。

阿贵一方面觉得自己是被母亲丢下的人，即使是将他丢在家里；另一方面，阿贵无法留住母亲与弟弟；他心想：“妈妈带着弟弟走，如果他们真的想不开，至少还是死在一起，但妈妈没带我，爸爸也不见人影。我只是孤零零的一个人。”

年幼的阿贵无法处理这件事，于是这份被遗弃的感受就伴随着他长大。为求自保不受伤，他越来越相信凡事只能靠自己，若这么亲近的人都可能随时离开，那么再也没有人可以相信。因此跟别人之间的关系不用投入太多感情，因为最终，他是会被丢下的那个人。

“于是，我把自己关起来比较安全，不要关心别人、不跟任何人有情感流动，免得被伤害。”

这是阿贵成长的心路历程，我们很能理解他后来独善其身的选择。对阿贵来说，他只能靠自己，只有自己才是唯一可以信任的人。被遗弃的小阿贵从来不知道自己可以平安长大，人生可以有不同的选择；其实只要阿贵愿意，他可以伸出手去承接并安抚那位曾经受伤的自己。

早年经历重大事件的刺激，或者是某些经历不断在生活中重复着，人们就会在经历中发展出自己的信念，学习到一套生存之道。如此可以不必经历过多痛苦，帮助自己改善环境中不利的生存条件。

当运用生存之道起到减少痛苦的功效时，往后遇到类似的问题，便可能产生无须经过思索的自动化反应。如同阿贵，感受到母亲的遗弃，这个经历让他产生“不要与他人进行情感交流，没有人可以信任，只能靠自己”的信念。于是在人际交往中刻意保持心理距离。所谓的心理距离就是：“我们可以有互动，但我不与他人产生心灵上的交流，我不关心你，你也别关心我。”

除了心理距离，也有人从空间拉开距离。像是借由到外地念书或外派出差，一去便杳无音信。然而，情绪隔离只是暂时让自己隔离于纷争之外，情绪或压力可能暂时得到舒缓，真正问题却没有解决。

这样的情况可能导致的结果是，不论去到哪里，类似状况通过自动化反应重复地发生，每当感觉到压力或痛苦时，便习惯性地情绪隔离或逃开，形成关系里的游牧民族，难以在关系中深化及扎根，当身心症状发生时，也难以联结到真正的原因及脉络。

“人人好”的背后是有所期待的

上一节谈到阿贵与家人的情绪切割延伸到职场，这一节我们持续探讨情绪切割的不同个案。

美华爽朗的笑声几乎是所有人对她的第一印象，她的青春与活力很难不吸引人。大学刚毕业那年，她一脚踏入保险行业，从事业务工作。美华从小家里经济状况就不太宽裕，父母常常为了筹钱而东奔西跑。她总期许自己可以改善家里的经济状况。因此，她很早就决定要从事业务工作，她认为业务工作应该会比领固定薪水的普通上班族有更丰厚的收入。从踏入公司第一天，美华就对自己的工作抱着很大期待与热情，因此总是主动积极参与部门的各项活动，不论是庆生会、聚餐、例会或任何形式的会议，她不仅不缺席，而且常常是第一位投入活动筹备的人。

美华可以跟任何人聊天，喜欢制造欢乐气氛，与同事之间相处也超级热心，做事常常一马当先，也不太计较大小事。任何人找她帮忙，她也从不拒绝，即使自己没法胜任，也会想办法找资源来协助解决同事的问题，因此在同事眼中是典型的“人人好”，有求必应。美华跟整个部门里的人都很融洽，她欢喜地把大家当成一家人，不分你我。不过美华忘了一件事：她是因为对业务工作抱着很大期待，才选择这份工作的；同时，公司也因为她对业务的热忱而决定录用她。然而美华却把工作场域中的先后顺序、轻重缓急给搞错了。

业绩是考核业务人员的最终标准，偏偏美华的业绩几乎是部门里垫底的。若是一次两次垫底也罢，但已经三年了，不管各种竞赛都一直是“吊车尾”的状态，看不到她的进步。年终业绩考核后，绩优人员可以出国旅游，美华只能眼巴巴看着同事轮流出国旅游。

“我明明为公司付出那么多，没功劳也有苦劳，从这一点来说，不应该嘉奖、肯定我吗？”

三年下来，美华渐渐对公司有些失望，感到心灰意冷，与同事间的互动也不像以往那样充满热情；她突然不再带头参与公共事务，对任何活动也都冷漠以对；对主管的要求或交付的事， 她总是爱搭不理；同事发信息给她，不是不读不回，就是已读不回；同事间邀约聚餐，她也凭自己的心情好坏来决定参加与否，不再像以往那样配合大家。

同事们和美华的直属主管淑惠都观察到她的变化，主管于是主动找她谈话。

面对主管的关心，美华终于按捺不住，将委屈都表达出来。

“为什么我为公司付出这么多，可是出国都没我的份？”美华表达不满。

“出国是要看业绩，你的业绩并没有达标。”淑惠说。

“我很多时间都花在公共事务上，都在帮大家忙，也常帮你跑腿，工作自然会耽误。”

“我知道你帮大家做了很多事，但你是业务人员，公司的考核标准就是依据业绩，公共事务并没有列入。你要不要试着专心冲业绩？只要冲出业绩，不管第几名，下次我一定帮你争取出国的机会。”

主管尽可能鼓励着美华。

但美华不领情，很沮丧地离开会谈会场。

人际关系与工作的先后顺序

善良的美华对家庭始终想尽一份责任，这份良善动机也转移到职场上，只是她自己没有察觉为何如此，是否源于在家中没有得到爱与肯定。

美华在家排行老四，有三位姐姐，一位弟弟。从鲍恩理论的手足排行来看，美华是“有姐姐的幺妹”，这样的手足排行个性大致上是热情、冲动、喜欢变化与刺激，为了得到认可与赞美，总是非常努力。美华正符合这样的特质。当美华的弟弟出生后，得到极大的关注与照顾，美华感觉到自我价值瞬间跌落谷底，因此在家里就加倍地讨好长辈，默默努力做很多事，希望被看见、被肯定；偏偏父母太重男轻女，常把“都是为了生你弟弟才生你”这句话挂在嘴边。父母无心的一句话却让美华心碎。在此并非要责怪父母，毕竟上一代的社会风气与价值观是如此。所以与其期待长辈观念改变，不如让自己转换心态。但这的确不是一件容易的事。而美华正是这样的价值观下的牺牲者。

美华内心深处有很深的孤独感，不觉得有人会真的与她站在一起。因此在职场上，很自然地把对爱的期待移转到同事那里。在家里得不到的温暖，就从同事与主管那里找来填补，所以热心于各种公共事务，依着这份动力而采取行动；但结果却没能如愿，对被爱的期待因此落空。

如果美华可以把想获得的爱与肯定，以及与他人良好互动的目标，移转到对客户的经营上，相信一定会有更好的业绩表现，毕竟她很愿意与人相处、为人服务。可惜美华把过多心力放在公司内部人际经营上，没让自己迈开脚步去冲刺业绩，久而久之，业绩一直挂零的结果反让她更怯于面对客户，更加把自己框在一个“跟同事相处融洽”的假象与借口里。

无法凭实力赢得奖励，这点让美华更失落，但她并未觉察到这正是逃避现实所形成的恶性循环。美华自然认为是别人辜负她，而业绩没起色，“不是我能力弱，只是我不想做”，深信如果大家都能肯定她的付出，就会做出业绩，也能和大伙儿一起去旅游。但当公司里里外外都让她失望时，她就改以冷漠来回应，逐渐地从疏离到情绪切割，把情绪切割当作是自保的方式，以免让自己失落更大。

后来美华跳槽到另一家更大的公司，过去令人愉悦舒服如阳光般的笑容又回来了。美华在人际关系中像“游牧民族”，刚开始会试着与人亲近，力求表现，试图让自己在他人眼中是最好的、被认同的。

但美华自始至终错置了关系与工作的先后顺序，但如果当事人不愿意面对这项盲点，那也是无济于事的。被认同与肯定的需要，源于早期成长经历中的匮乏，因而不停在各种人际关系中追求。然而把自我认同建立在他人眼光上，往往在过度付出后耗竭，此时心生不满或怨怼，强大的失落感只会让自己渐渐在关系中淡出，以情绪隔离来免于更大的痛苦或失落。

人际关系中的“游牧民族”渴望与他人靠近，却找不到妥当方法，在受伤后只能离开自行疗伤，再往下一段关系中冒险，如此重复着。

其实美华只要愿意真实地看见自己、肯定自己，而非外求，不要一味依赖他人的赞美与肯定，即使得不到他人的认同，只要明白“力量源于自己”的真谛，那么这样的美华才是真正给人温暖的小太阳。

自我觉察练习单

一、坦承自我：

真实的我是

真实的我感受到的是

二、觉察自我：

我发现我的需要是

我真实的想法是

自我觉察练习单

三、调整自我：

我可以做什么？

我准备如何做？

四、接纳自我：

我知道我有　　　　　　　　　　　　　　　　　　　　　　　　优点

我要肯定　　　　　　　　　　　　　　　　　　　　　　　　的自己

我尊重自己做　　　　　　　　　　　　　　　　　　　　　　的选择

2-3　手足排行如何影响人际关系

根据许多人格理论学家的研究与观察，每个手足排行都有强项与特质，并没有哪一个优于其他排行。但排行的确是影响人格特质的关键因素之一。

因此，即使在同一家庭，成长经历也不会一样，例如，老大可能善于领导，老幺则较为圆融讨喜。而排行中间的子女，往往性格多元。

以下将以两位截然不同的中间子女为例说明。

有兄有弟依然孤独的心洁

在职场上有一种非常善于单兵作战的工作人，上级交办的所有事务，再艰巨一个人也可以搞定，且能交出漂亮的成绩单。虽然战斗力很强，主管不用担心他的能力，但是却总是形单影只、独来独往。如果是男性，更显孤傲；如果是女性，虽偶尔能与同事打成一片，但多数时间独自来去，很少成群结伴吃饭逛街，更遑论与同事谈论八卦是非。他们通常让自己置身各种是非之外，独善其身，同时也意味着洁身自爱。

上有哥哥、下有弟弟，排行老二的心洁就是这样的例子。

心洁很早就体会到女性一定要经济独立，因此对工作与赚钱非常热衷。离开学校、踏入职场后，心洁几乎都把时间投注在工作上，会主动规划自己的工作进度，且执行效率很高，深受主管们赏识。善于单独行动的她，如果有必要，也能和团队一起执行任务，但仅止于公事公办，人际交流不会太深入。心洁不会轻易与同事们分享私人领域的事，不喜争功，不好交际。习惯保持低调，不加入办公室的小圈圈，也不与同事聊是非八卦。

在同事眼中，她是工作狂。因为提到工作，心洁就两眼发亮；但如果约她喝咖啡、聚餐，她会明显把没兴趣写在脸上；为了避免被贴上“孤僻”标签，心洁偶尔会现身聚会场合，维系基本的同事情谊。

对心洁来说，工作上的挑战完全是自发性的设定，和别人的竞争无关，所以总是聚焦于自己能否达到目标，没有预设谁是对手。但她自己设定的目标，却不见得与公司的目标一致；如果恰巧相同，她就参与公司的方向或竞赛；万一不同，心洁就跟着自己的步伐走。她始终都能顺利依照自己的计划运作，而且还表现不俗。

她一个人的绩效可以抵过一群人，因此上司喜欢她，公司也重用她。经过时间累积，心洁的年资与考绩成为她提拔升迁最好的背书。但当主管要提拔她时，心洁的特立独行却惹来许多闲言闲语：

“心洁每次都一个人来来去去，不太合群耶。”

“她不太理别人，蛮骄傲的样子。”

除此之外，也有人对心洁充满好奇，想要拉拢她加入小团体的社交圈。这些想要亲近她的同事盘算着，多亲近被主管提拔的人，总会有益处。

即使心洁主观认为自己是“不粘锅”，但在旁人眼里，对她还是有各种不同评价。换言之，心洁怎么做，都会有人说闲话。

批评声音延续到公司有了异动，人心浮动到最高点，因为当时有高层领导要跳槽，而且很欣赏心洁，因而想要说服她，一起离开旧公司，投向新东家，但心洁婉拒邀请。

心洁这么分析自己：“我虽然独来独往，但有自己的目标。那位想带我跳槽的人，不是令我心悦诚服的对象。我宁可相信自己，留在熟悉的环境，虽然平常我跟大家不太亲近，但在人心浮动的此时，我更不会跟着大家一起聒噪。”

那位不被心洁领情的主管因而恼羞成怒，开始放出各种对心洁不友善的批评。

心洁不明白她尽力做好分内事，保持低调，不与人为敌，为什么会惹来这些批评。

鲍恩理论中的三角关系

我们回头看心洁的成长经验。

心洁在职场会选择保持低调，其实与在家排行老二，又身为家中唯一女孩有关。换言之，她不让自己与同事有太多深入的接触，源于成长过程里经常面对父母的冲突。

心洁的父亲是很典型的大男人，母亲是家庭主妇。父亲下班回家后，隔三岔五就会挑剔母亲的毛病，觉得她什么都不会。母亲被挑剔久了，也会有情绪，因此两人常起争执。心洁排行老二，上面是哥哥，下面是弟弟，也算是独生女，所以父亲比较疼她。每次父母争吵时，心洁就会挺身而出保护母亲。

“其实我什么话也没说，但只要我出现，爸爸就会比较收敛。可是妈妈会因为我站在她这边，反击爸爸的力道就会变强。”

心洁成了鲍恩理论中典型的三角关系，也就是最脆弱的第三者被卷入成为三角。

心洁长期处在父母的三角关系中，对她的成长有很大的冲击。

作为孩子，面对父母的争吵当然会很惊恐，但她也害怕如果自己不在三角中，父母的争吵会更失控，于是进入三角关系，同时切断所有自我的情绪感受，只要没有感觉，就比较自在，也不会害怕。

久而久之，心洁自然不再感受情绪，人际关系也从疏离到隔离，独来独往是防止自己陷入冲突的无助状态中。

心洁的哥哥是个性格温和的乖孩子，小时候总和弟弟一起看漫画、打游戏。

“我有哥哥跟弟弟，但在父母冲突时，我想不起他们人在哪儿。”

这也是心洁成为孤鸟的另一个关键所在。如果面对父母的问题都可以独自撑过去，那么在职场里也一样，心洁同样不认为同事伙伴对自己有所帮助，与其期待有同伴，不如自己积极行动更实在。

因此，在心洁自己的认知里，不想冲突，只能靠自己；然而在别人眼中却被解读成了独来独往、缺乏感觉的冷漠分子。

不争也被忌妒的佩琪

佩琪也是中间子女，但跟心洁的情况不同，她上有哥哥、姐姐，下有弟弟，佩琪排行老四，成长过程就像透明人，一直被忽视，仿佛大人都不记得还有这孩子的存在。

与心洁相反，当父母吵架时，佩琪的哥哥姐姐们都会介入，各自选边站或是当和事佬，唯有佩琪安静地当旁观者，哥哥姐姐也始终不会找她加入战局。

过年时，小孩们领红包，长辈们会告诉佩琪："哥哥姐姐年纪比较大，所以领得多，你比较小，领少一点。"曾经有一次，姑姑还当着佩琪的面给哥哥姐姐额外的零用钱，只有佩琪没有，理由是："你比较小，不需要用零用钱。"

"我总是看着红包从哥哥姐姐那一路发过来，到我眼前就没了，但是弟弟却有，我就这样硬生生地被跳过。"

佩琪并没有被大人的理由哄骗过去，她知道自己是被忽略的中间子女，长期不被看见，加深了自我价值低的情结。虽然大人总是把她视为空气，但佩琪没有放弃争取大人的青睐。她看到哥哥姐姐生病时，父母在旁呵护，为了渴望吸引大人们的目光，她甚至希望自己是个生病的孩子。只要能被大人注意，生病都值得。

曾有长辈赞许佩琪"很乖"，因此佩琪不像一般小孩那样为了吸引注意就不择手段地吵闹。她反而有了一个信念：

“只要我乖，不要惹事、不张扬，这样不仅不会惹爸妈生气，他们还会看见我、肯定我。”

因为很乖，终于被看见了。

乖巧，成了佩琪随时激励自己的座右铭。

最乖的佩琪在职场上，深信工作要尽力达标才是好员工，因此跟心洁一样很独立，可以一个人完成任务；佩琪尽责地把分内工作做好，从来不争权夺利，她相信把事做好比什么都重要，因此上级也很愿意把任务交托给她。

但和心洁情绪隔离的态度不同，从小被忽视的佩琪喜欢跟团队情绪融合，希望跟大家在一起，尤其是直属上级。这和她从小不被长辈看见有极大关系。因此，佩琪踏入职场后，一路都深受主管们肯定，主管们自然也会不断提携佩琪，让她有舞台表现。

乖乖女佩琪不希望在职场上的人际关系重蹈在家中被忽视的覆辙，因此与同事们的互动始终保持友好关系。可是令她不解的是，即使不为名利，当她表现越好，越有同事眼红并开始攻击她。

“为什么是佩琪升职？”

“佩琪有什么资格当主管？”

这些声音让她饱受委屈与冤枉，毕竟她只是“乖乖地”被动接收，从来也没算计过自己要如何出头。

同样身为中间子女，不论是情绪隔离，如心洁；还是情绪融合，如佩琪——她们都习惯独来独往，习惯单独作业，也不与同事组小团体或道人是非，总是很有效率地完成分内工作，也都是主管们心中的好下属，可是为什么当她们把自己放在镁光灯找不到的位置上时，依旧会被流弹波及？

在心洁与佩琪的角度来看可能会有所疑惑，但扩大到系统观点来看，她们把自己放在人际圈之外，以为可以独善其身，反而更容易引起注意。这也是鲍恩理论强调的要从不同的系统观点观察问题，而不是单点的因果思考。

手足排行与升迁的关系

一提到独生子女，大家多少会有刻板印象，例如：任性、娇生惯养、不耐磨合、唯我独尊等，其实有许多独生子女是相当自律而且自主的，他们在工作上的自我要求极高，同时也是完美主义者。

小陈是我曾经辅导过的一位相当帅气且很有长辈缘的中层男性主管。他的工作能力与态度都很好，有明确的人生规划并且很自律，在长辈圈人见人爱。在我辅导他的过程中，即使站在引导者的位置，也都不得不承认他真的是态度良好且贴心的晚辈，因此不难想象他在工作领域里也备受主管们赏识。

就能力与态度来评估，小陈在工作上应无往不利，升迁也应不会有太大的问题，然而事实并非如此。人跟人之间的距离或亲密感，可能成为他最大的绊脚石。

辅导期间曾出了一件事，让我看见“你侬我侬”的情绪融合状态或许并非人际关系中好的发展方向。

享受被关注的独生子

那天，小陈和他的团队一群人气呼呼地从外头走进来，我不曾看过小陈变脸生气，但那天他整个脸垮下来，闷不吭声。于是我找他的主管一谈，才明白事情原委。

小陈是“老饕”，对美食很有见解，也喜欢尝鲜。那天是每周的例会，他打算带大伙儿一块去公司附近新开的餐厅。没想到当天中午的客人很多，主管觉得环境太嘈杂，就近选择了另外一家较安静、空间更宽敞的咖啡店开会。小陈因工作而晚到餐厅，却不见同事，气急败坏地打电话给同事。

“你们人在哪儿？我在餐厅没看到你们！”

“那家餐厅太吵，我们改到旁边的咖啡馆。”同事告诉他。小陈一听气炸了！一到咖啡馆就对同事开骂：“你们明明知道我多期待跟大家一起去试吃新餐厅，我都忍着没自己先去，好不容易等到今天开会，你们竟然擅自换地方，也没先让我知道，我对你们很失望！你们怎么可以这样？”

小陈的主管马上解释：“因为开会人数真的太多，而且需要安静一点的空间，吃什么其实不重要，我们可以再找时间一起去那家餐厅。”

“你们还是不懂我的意思。我不是在乎要吃什么，而是你们忽略了我的心情跟感受，你们并不在乎我期待跟你们一起分享的心情！”小陈不断强调自己的感受被忽视。

看到这里，读者们可能会觉得小陈的情绪过于起伏与夸张，不过就是换个开会场所而已，为什么要发这么大的脾气？然而对小陈来说，他习惯把别人的感受摆在第一位，因为他在乎也重视他所在意的朋友与工作伙伴，希望周全地照顾身边每一个人，因此也期待自己的感受能被别人“同等”重视，而不是被草率对待。

我在乎的是感受

“感受”对小陈来说，比什么都重要。为什么？

每个人的个性、价值取向，都和原生家庭有关。小陈的父母都是受过良好教育的知识分子，家世背景很好，由于母亲高龄才生下他，因此没有再生第二个小孩。身为独子的小陈，汇聚了双亲所有的关注，不过父母并不因此宠溺他，而是细心营造丰富多元的教育环境，除了学才艺、出国旅行，连小陈的自主性、自律与自信，都在父母的教养范围中。因此，小陈是我极少见过的清楚自己优势、有目标并能肯定自己的年轻人。

小陈在校成绩虽然不坏，读的却不是顶尖名校；工作能力与态度整体表现虽好，但也不是顶尖业务；很受主管青睐，且面对各种奖励竞赛也都能有中上等的表现。

读者可能和我有同样的困惑，整体表现稳定的小陈为何一直停留在中层主管的位置，迟迟无法向上晋升，这也是我最初与他会谈时的疑惑。

前面提到小陈的特质，很重视人际互动与感受，这是优点，而优点的反面正是小陈的阻力来源。

小陈很重视彼此的感受，更在乎是否被关注。如果一位主管花很多心力关注伙伴们彼此的感受，总是直觉性地感情用事，那又如何能客观看待每一位下属的表现及评估团队绩效？比方说，同事负责一项新的项目，小陈不吝于主动给对方各种鼓励与关心，像是“进行得如何”“我会支持你”这类话皆发自内心，而不是客套或矫情；但同时他也会期待自己获得同样的支持与回应，轮到他办活动、处理项目时，同事们若没特别关注他，或关注得不够多（不如他的预期），他就会陷入失落状态。“怎么没有关注我！”他要的关注不一定是肯定或者赞美，指教与不同意见都可以，只要感受到别人有关注、没有忽视他，就会很有战斗力，因为他希望自己常常被看见。

因此就不难理解为何选餐厅这件小事都会引起这么大风暴，但那也不过是个导火线而已。

小陈是让上司放心的下属，这种信任关系却未直接垂直向下延伸。他身为中层主管，对下属照顾有加，下属要出去拜访客户，他都希望参与，他的初衷不是紧迫盯人，只是希望给予陪伴，以免新进人员遇到状况求助无门。

就像他的成长经验，双亲给予足够的关注，让他得以在满满的爱之下成长，因此当有能力成为别人的后盾时，就理所当然地挺身而出；初衷虽好，久而久之却让下属变得依赖且无法独立作业。

小陈与下属间的沟通也是这样紧密，比方进行绩效讨论时，他不重视数字，而是在意感受。

因此开会时最常问的一句话是：“你的感受是什么？有什么事都可以告诉我。”

当下属反映真的没有特别的感受，也没有事情需分享时，小陈会感觉被忽略，便如此回应："你一定有感觉，如果没有感觉，表示有事不跟我分享。"

长期下来，下属不仅常无言以对，也对"如何应对"感到压力巨大。

这样的状况也延伸到其他方面，当下属传递信息给他，他一定即刻读取并回应；反之，下属没有马上读或已读不回，他就觉得下属忽略他。如此紧密的互动关系，不仅让下属感到窒息，他自己也困于感受中而无暇扩大事业格局，让自己有更多的空间经营组织。

企业中，组织经营并非一人之力可为，而是需要整体工作伙伴的支持与协助，在组织中这么过度的情绪融合，不仅让现有的下属难以支持小陈，也导致组织无法扩大，因为下属担心若推荐新的人员进来，也要跟自己一样被关心到窒息，存有很多疑虑。

这是小陈往上升迁受阻的一个原因。

不讨好，也能维持好关系

另外可参考讨论的信息在于"手足排行"中，小陈是独子，在鲍恩理论中提到独生子有以下几项特点：

- 终其一生喜欢与年长者为伍。
- 自信，且可能过度自信。

- 享受关注，成为关注的焦点。
- 没有成为父亲的动机，但可能纵容或过度保护小孩。

小陈比较符合上述“手足排行”的独生子特质，尤其是最后一项，“没有成为父亲的动机”，这可能是阻碍他往上升迁的另一关键因素。

公司组织是金字塔结构，越往上晋升，职位越高，意味着会越孤单。小陈很需要同辈之间大量的关怀，就算需要过多的“自我交换”，成为别人眼中对自己期待的样子，对小陈而言都不是问题；反之，若要割舍人际间的亲密感，反而成为他难以面对的压力。

另以家庭投射历程的角度来看，家长可能不经意间把焦虑情绪传递、发泄给孩子，或者通过相处，孩子也会潜移默化地吸收家长的情绪。

小陈是独子，父母太聚焦他的感受，也会期待他成为自己期待的样子，例如在品格上要礼貌、勇敢、温和、谦虚等。在能力上，培养他的兴趣与热情，除了这些有意识的外在要求，还有父母潜意识的言传身教的影响。

如果父母一直过度关切孩子，表面上虽然以一种开明的态度，仿佛在和孩子讨论，但事实上孩子可能无法承受自己表达不同意见时父母的失望表情，或者难以拒绝成为父母口中的骄傲。

无法直接表达自己，就会顺着父母的期待反应和表现。久而久之，孩子也会复制“紧密表示我们很亲”的价值观，套用在人际互动上。

因而在与上级、长辈相处时，会极力讨好与表现，以获取他人的肯定与认同；和同辈、下属相处也是如此，要求同喜、同悲、同进退才叫团队。

管教与适性发展的拿捏，很多时候是一项困难的课题。父母需要在孩子的社会化历程中给予规范，教导为人处世的道理，然而在过程中若形成太多听话才是“好孩子”的框架，必须优先满足他人，过度强化功能性自我，那么个人的基本自我将无法好好发展，这就是来自小陈的家庭投射历程。

自我觉察练习单

一、我在家中的排行是什么？

二、我因为在家中的排行而有的特质是什么？

这个排行带来的好处是：

这个排行带来的坏处是：

自我觉察练习单

三、我要保持哪些特质，为什么？

四、我要调整哪些特质，为什么？

2-4　高、低功能者是互惠模式

常常听到一些朋友抱怨自己在工作团队中付出很多心血，周遭的工作伙伴却常常两手一摊，宛如事不关己。然而事实真的是这样吗？

扛责的角色与位置不能换人吗？究竟是主动选择还是“不得不”的被动选择？这角色除了带来负面的感受外，有没有也带来某些好处？

根据鲍恩理论，高功能与低功能双方是一种互惠模式（reciprocity），当以自己为主导角色（高功能者）迫使另一方（低功能者）配合时，主导的一方会要求配合者顺从并听话照做，以得到更多配合者的自我。然而，这样的状态到底是谁失去了自我？

少了我就不行的高功能者

在鲍恩理论中，高功能者的特色大致可以汇整如下：

- 认为自己想的才是最好、最正确的。
- 努力在各方面呈现出最完美状态。
- 告诉别人“应该”要怎么样才对。
- 自认可以担起更重要的责任。
- 接手对方可以胜任的事情。
- 对别人感到不耐烦，视对方为“麻烦”。
- 以“顾全大局”为理由，要求别人改变。
- 当对方不配合就贴标签。

前几年，我在工作场合认识了中年女性江姐，她是一位干练的中层主管，却苦于无法升迁。江姐非常有责任感，性格直率，敢说敢做敢当，除了扛下自己的工作外，如果有她看不下去的烂摊子，常常是二话不说，立马出手解决。因此，她是上级最信任的中层主管，只要把事情托付给她，不仅能快速处理，而且质量能得到保证。她也常当同事们的“救火队长”，照理说被救的人应该会很感谢她；但事实却相反，同事之间并未因为她的两肋插刀而有所感动，更没有进一步的情感交流，为什么？

乍看之下，江姐“救火”的动机很简单，烂摊子若不收拾，可能会让整个团队进度停滞或遭遇危机；然而真正的担忧是“覆巢之下无完卵”的生存焦虑，为了不受池鱼之殃，危及自己，因此先出手协助，免得牵连受累。

她的信念是，“你烂，我也会烂；你倒，我也会倒”，但把危机处理好后，容易呈现“少了我，你们就是不行”的态度。与其说在展现能力，背后更深一层的感受是，当有人无法负责时，她的挺身而出是无奈的，也是愤怒的，因为是出于自我保护而来扛责。有时因为过于直接与主动，导致被帮助的同事与主管充满着被威胁感，更因为跨越了职场分层负责的界线，因此直属主管难以敞开心胸肯定江姐的作为，在职位晋升上也不愿拉她一把。

江姐在职场上的积极态度就是典型的“高功能者”，因为她总是事事承担下来，也会引发身边的人倾向成为“低功能者”。高功能者与低功能者不是一方想怎样就能怎样，这是一个双方互惠的状态与过程。

高、低功能者之间的关系能解套吗？

在职场上扮演高功能者的人，往往在家庭中也是这样的角色。江姐在家里排行老大，有弟弟妹妹，双亲都身处社会底层，到处打工维生，撑起全家生计；因此家庭环境较困顿，一直被归于低收入户。父亲做事不积极，工作常常有一搭没一搭，因此经济重担落在看不惯父亲作为的母亲肩上。为了分担双亲的辛劳，江姐从小就扮演小妈妈的角色，照顾弟弟妹妹的日常生活。

她很早就发现领取奖学金是最快的赚钱方式，因此从小成绩就非常优异，从小学到大学，奖学金始终没间断。这些奖学金也成了支撑他们家庭经济的重要来源之一。当母亲渐渐年迈，扛不下来的责任就逐步转移到江姐身上，长期以来，江姐的家庭关系呈现方式是：一个搞砸，另一个负担，当负担的人无法承受时，再由另一人承担……这样的状态延伸到后来的职场上也是一样：同事搞砸，她承担。

一直身处这样的模式让江姐很不快乐，但她也无力改变现状。

“当年在学校那些成绩比我差的同学都出国念书了；在其他企业、机构上班的同学，薪水比我多，升迁也比我顺遂；我赚的钱好像都不是我的，做出来的成绩好像也都不是自己的。”

江姐所有的一切都是要贡献出去，离自己的期望太遥远。唯一让她有存在感的就是不断通过表现加薪，然后往上晋升，但是因人际关系不好，升迁这件事也不如预期中的顺利。所以当她做的事情越多、立下的功劳越大，失落感就越明显。

不管在哪个场域里，江姐都习惯扮演高功能者的角色，与她产生关联的家人或是同事会因此成为低功能者。真的是别人能力不好，导致江姐一定要这么辛苦吗？高、低功能者之间的关系能解套吗？江姐可以不选择站在高功能者的位置上吗？

答案是：当然可以。

人际关系中往往需要由高功能者主动后退一步，同时把标准降低，不介入、不插手，低功能者才有空间提升；若高功能者不自觉自己的处境，不懂得松手，即使低功能者主动出击，也不容易产生改变。

被动的低功能者

江姐是典型的高功能者，虽然高功能者的气焰常让人无法忍受，但我们容易同情他们，毕竟高功能者一直在行动做事。相较之下，低功能者就较不容易得到同情。

人际往来中，每个人多少会配合他人，有时为了让事情进行得更顺利，有时为了对方而愿意屈就自己，而有时是为了让自己得到他人认同。

倘若一个人习惯交出自我，长期处在“配合的位置”，终将逐渐丧失为自己做决定的能力。长此以往，会进入一种丧失功能状态。这些状态可能反映在身体疾病、情绪性症状或社会性失调上，像是酗酒、违法以及不负责任的行为。

低功能者的特征大致归类如下：

- 无法做任何事或决定，最好都由别人给答案。
- 就算是一点点小事都很害怕犯错。
- 对于任何帮助，就算不需要也总是来者不拒。
- 自己能胜任的事情仍倾向于被动等待。
- 认为自己就是一事无成的“麻烦制造者”。
- 以“大局为重”动摇己见。
- 隔三岔五呈现病态和懒散。
- 别人的要求就算不合理，也不说出来，去委屈自己。

当我们越想帮助低功能者，往往低功能者的状态会越糟。我曾经辅导过的中年男子阿忠就是低功能者。

阿忠本质不错，个性温和，原本在房屋中介公司担任业务员，面对上门看房子的客户都彬彬有礼，可是始终没办法顺利成交、提升业绩，最后实在混不下去了，只好离开中介公司。之后他开始在职场流浪，常常“三天打鱼，两天晒网”，做过销售员、保险员、清洁员等多份工作，但没有一份可以持久。

虽然阿忠太太在上班，但他们育有三个小孩，阿忠不稳定的工作状态几乎让家中的经济状态陷入“红色警戒”。但是阿忠并没有危机感，在家里不是玩手机，就是看电视，什么事都不管，家务活让三个小孩轮流做，不理会小孩考试要温习。太太也叫不动他，而且他还会对太太的指令心生怨怼，觉得太太看不起他，压迫他。阿忠在家的状态，后来完全反映在职场上，消极被动、满腹牢骚。

阿忠始终没看到自己面对家庭、职场与生活的消极态度。后来我才知道，阿忠的父亲在家中也是一个缺席者。阿忠的父亲很年轻就结婚了，但不想被家庭责任束缚，成天在外面跟朋友厮混，总是以自己的喜好为考量，似乎忘了自己已经有家庭妻小要照顾和陪伴。阿忠受到父亲的影响，耳濡目染，也只在乎自己的感受，未曾把妻子小孩当成自己的责任，更遑论工作，做什么都不积极，这让他太太简直要抓狂。

夫妻关系是互补的，而高、低功能者是互惠的，当一方呈现低功能时，另一方就是高功能者。阿忠的太太某种程度就是高功能者，婚前两人会觉得这样互补是美好的，但婚后开始经历现实生活的考验后，原本互补的美好可能就成了一场可怕的梦魇。

舒适圈中的低功能者

阿忠在家、在职场都是一位被动的依赖者，即使太太、上司都希望他学着承担，但他已习惯被推着走，不愿意自己主动思考，只想要一个口令、一个动作，而当口令下达，还不见得马上会采取行动。

人与人之间，有相对性的关系与角色。有相对的期待，才有对应的行为。但是对低功能者，却较难有所期待；反观低功能者，也会有被迫、被压榨的委屈感。

低功能者的世界跟别人不太一样，好像没有为工作与生活积极主动的能力，当然有可能是不愿意承担后果与责任，因此不喜欢被人追问进度，也不想主动表态。

阿忠跟太太之间常有的对话是这样：

“这个月的水电费你缴了吗？”太太问。

“你没说，我怎么知道要去缴费？”阿忠回答。

又或者太太预设阿忠叫不动，干脆自己做，结果阿忠的反应是：“你没让我做，我怎么做？”

同样的，阿忠到了职场，也呈现同样的反应。

低功能者受不了过多的提问，会觉得自己被要求、被质疑。相对的，在职场上，主管也会受不了低功能者的反应，因此两人碰在一起，常有如下的沟通状况。

低功能者：“你好好跟我讲就好，干吗口气这么差？”

高功能者受不了低功能者的一再推拖：“这是基本认知。你已经做过好几次了，还需要我讲吗？”

不管是在家面对妻子，还是在职场面对主管，低功能者常呈现一种被动且无辜的姿态；一旦被逼急了，就会反过来埋怨他人、埋怨现况、埋怨机运。

以阿忠为例，低功能的父亲和高功能的母亲，加上和母亲相处时间多于父亲，除非母亲对自己的高功能角色有所觉察，在与阿忠互动中能单方面减少做太多事情的状态，否则以阿忠在家里的角色位置，很容易如同父亲，与母亲成为互补的高、低功能互惠模式。

这样的模式形成阿忠人格中的一部分，成年后复制到其他人际关系中，包含伴侣关系与职场人际互动。

改变自己的功能位置

功能性位置的形成，不单是由任何一位家人计划或刻意所能形成的，它是长期经由家庭情绪历程，也就是家庭传递和处理焦虑情绪的方式，所创造出的一个人的功能性位置。

如果你觉察到自己属于工作与生活都很辛苦的高功能者，可以试着先让自己的状态向后退一步。高功能者的你，可能没发现自己需要外在成就来肯定自己，需要通过满足别人的需要和期待来证明自己的价值。但如果把这些认同自己的力量放在别人身上，自己自然会觉得很辛苦。

反过来说，如果你还没有准备好褪去高功能者的角色，或许可以换个方式想：我在高功能位置上，享有光环与成就，那些绩效不如我的同事对我是羡慕的。

因此不要一味地想摆脱自以为的苦，却忘了在这个位置上享受的权利与好处。

相同的，低功能者也跟高功能者有同样的心情。

或许你以为自己不如他人，老是被苛责，没有遇到赏识自己的伯乐和展现才能的舞台。但如果经过自我觉察，可能会看到自己不想承担责任，喜欢躲在高功能者背后的一面，因为只要有人扛着，就能轻松，不辛苦。表象上的代价或许是绩效不佳，但实质上却可以不用像高功能者那样紧张与忙碌。这就是思考的一体两面，从不同角度来看自己的选择，每个人对自己所处状态的那种无力感就会减少许多。

永远不要忘记：选择权在你。你可以选择何时要在高功能状态，让自己多表现一点；何时让自己扮演低功能者，由别人主导与承担。

这是有弹性的，而非把自己逼到死角——好像别无选择。人生从来都不是只有单一选项，就看愿不愿意换个轨道试试看。下面的表单可以帮助你更加清楚地认知自己的高、低功能与情绪来源，请试着将所有的感想写下来。

自我觉察练习单

一、每当家中/职场中发生冲突时，彼此间的互动模式是怎样的？

二、每当发生特定事件或冲突时，我的自动化反应是什么？

自我觉察练习单

三、我所处的高/低功能位置是什么？

我对此功能位置的感受是？

四、家中/职场中，我期待的互动模式是什么？

自我觉察练习单

五、特定事件或冲突再一次发生时，我会如何选择与回应？

2-5 情绪系统让人“治标不治本”

原本鲍恩理论谈的是核心家庭情绪系统，在此将它延伸到职场，用核心家庭情绪系统来看组织的情绪系统。其实不论是家庭或职场，都是系统思考（system thinking）的一部分。

什么是系统思考？例如，人生病了，就是头痛医头、脚痛医脚。但是从系统思考来看，人是一个整体系统运作单位，除了对症下药外，还要知道为何生病，是什么原因导致身体的生理功能出现问题。通盘来了解系统，才不会落入微观的狭隘视角。

把个人放大到家庭或职场中，也是一样的道理。公司的整体氛围一定会影响个人，而每一个个体的状态也会形成整体状态，彼此相互影响且循环不已。因此，工作上有环节出了问题，例如业绩无法提升、士气低落、人员流动太频繁或者老化停滞，都需要从整体来剖析理解。

以下我们就以“留不住人”为例，来进行系统思考，从宏观角度来看个案的情绪出了什么问题。

人才留不住，是八字不合还是风水问题？

晓燕是年近六十的大姐，她来找我时，眉头深锁。“再过五个月，我就可以正式办理退休，可是我想提前退休。”

为什么要提前退休？五个月很快就过了，为什么要舍弃优渥的退休金？

众人的困惑也是我当下的疑问。这背后一定有不开心或引发必须提前退休的事件。

晓燕在这家公司做了二十多年，已是中层管理者。半年前公司组织有了大变动，来了一名比她年轻的高层管理者。晓燕和新主管共事之后，觉得他很不友善，也常挑剔她的毛病。以职责来说，晓燕带的下属出差错，自然要一肩扛起，可是新主管几乎是用找碴儿的方式责难晓燕。每次他和晓燕谈话，脸色都很难看，这让晓燕感觉新主管是对人不对事，或至少是借题发挥在刁难自己。晓燕觉得自己在公司服务这么久，也到了要退休的年纪，从来没有这么被羞辱、贬低过。

晓燕原本告诉自己要忍耐，再撑五个月就可领到公司为退休人员准备的纪念奖牌，那肯定也是标杆。可是这份意志力已经在新主管的精神折磨之中逐渐耗损，现在晓燕只想早点逃离苦海。如果真想逃离或是为其他职业生涯规划而提出离职，应该是苦日子倒数计时时的心平气和，而非眉头深锁，产生这么大的情绪反应，可能另有其他慢性焦虑。因此当个案来访时，我引导她看清自己的状态。

我引导晓燕思考，新主管是这半年多才出现的，对待她的方式或许的确让她感到不舒服；但她的反应与焦虑这么大，真的只是因为这位新主管吗？还是有自己未察觉的其他因素？

思考后，晓燕开始娓娓道来她的家庭以及与父亲的关系，仍然与原生家庭有关。

未曾探索自我的乖乖女

晓燕的父亲是武汉大学经济系的高才生，在那个年代，绝对是精英中的精英，因此对子女的要求也很高。“万般皆下品，唯有读书高”是这个家庭的核心信念。晓燕的兄弟姐妹们个个高学历，只有她因为理科不好而没考取好大学，大学读得颇辛苦，长期以来她总觉得自己的表现不符合父亲的期待，对自己也相当没自信。

我听她说着父亲的严厉要求，接着问她：“你的新主管对你的方式，跟你的父亲像不像？”

她愣一下："对啊！"突然察觉到新主管对待她的方式与态度，跟严厉的父亲很像，让她想逃避。

晓燕服务的公司聚集了顶尖的优秀人才，这个企业文化塑造了一条成功输送带，只要新进人员按着公司所制定的步骤，一步一步往上走，职位也会逐步进阶。公司文化跟父亲当年对孩子的期待是一样的。

"我父亲总是安排好一切，照他的安排，读好学校、嫁好老公，人生就等于幸福。所以我的工作是他认可的，丈夫也是他选的。我按照父亲的意思，一直活到六十岁。"晓燕说。

如果不是来了新主管，晓燕也会依循着父亲安排的模式，依循公司流程升迁与退休。

"我的成长过程很乖，父亲要我做什么，我就做什么。在公司也是，公司要我做什么，我也都尽力达标。但在这位新主管面前，我像是不及格的人，仿佛回到当初高考没能考好，让父亲失望的状态。"

晓燕情绪很低落。一直到六十岁，她才发现人生似乎没有一天是为自己而活。

在家里，父母怎么说，子女就怎么做；踏入社会以后，公司怎么规定，员工就怎么做。企业组织情绪系统酝酿了什么氛围，所有人员都会沉浸在其中，包括怎么看待成功，怎么理解团队，怎么定义成就，怎样才是好员工。组织中的每个人都像孩子一样，跟着公司文化或大家长的期待，一路前行。不合适的、太有自己想法的，就及早下车离开。而没离开的你，是否会像晓燕，突然怀疑起自己：

“我这么尽责，成为人才了吗？都在符合公司期待，那我自己的期待又是什么？”

晓燕从来没有想过自己是什么样的一个人。喜欢或不喜欢什么？人生的意义在哪里？为什么而活？从小一直依着父亲的期待和要求努力求学，力求学业上有好表现，然而父亲所设定的标准与目标就像摸不到的天花板。早期成长过程所累积的压力，早已无声无息地成为晓燕的负担，让她不停地想变得更好。潜意识中得不到父亲的肯定，将未完成的心情与渴望转移到其他人际关系和职场中。

当企业文化中有条通往成功的输送带，顺从听话的晓燕从中还能往前走，得到好评，这是从小习惯的方式。知道怎么做是对的，可以得到赞赏；然而，当新主管来到，输送带的路径产生了变化，感受到被要求与挑剔，怎么做都达不到要求，急性压力就勾起慢性压力中的焦虑。

晓燕所带出的情绪历程不止因为近期的事件，还包含早期经验中未被安顿的情绪。

我们需要了解个人系统发生什么事，以致影响人我系统和组织系统，否则就会陷入治标不治本的问题循环中。

为什么找不到接班人？

晓燕是因公司人事变化有了提前退休的念头；相对的，也有因无后顾之忧，安稳等待退休的。

企业负责人王老板在教练会谈中表示："我的单位新人进不来，已经面临老化危机！"

王老板创业二十多年，应该可以退休享福了，但却不敢退，因为公司组织老化，接班梯队有空缺，他很担心自己退休之后，团队接不上来，公司经营出现危险。

公司组织出了什么问题？

一般的企业组织架构呈现正三角结构或扁平组织结构，但王老板的组织结构像是腰围粗大的菱形，基层人员明显不足。为什么基层人员这么少呢？

王老板的公司文化是主管们承揽责任，做太多也太照顾员工。例如，开会时，王老板总是说："这件事需不需要我来帮忙？"或"那个人要不要我帮忙联络？"或"需要我出面吗？"

很多工作原本应由相关业务单位的人负责处理，但因同人们常听王老板这么说，自然就会回应：“好啊！”

多年下来，王老板感到越做越累，全公司最忙的人就是他，什么事都要经他的手，他底下的团队怎会有空间发挥？王老板和高层主管的角色像是保姆，怕员工胜任不了，不停地在前头叮咛，也在后头收拾。这样的企业文化，除非年轻人没有事业心，不然只要有一点冲劲，应该都会受不了。继续留在公司里的员工，都非常习惯被老板照顾，而不需要对自己负责。

主管不放手，下属怎么办？

我问王老板：“为何不试着放手？”

“我很怕员工冲突，也怕要求过多，他们会情绪反弹。”

为什么王老板会害怕冲突？

通过引导，深谈之下了解到，王老板的父母是高冲突伴侣，身为家中长子的王老板，往往是父母冲突时要出面主持公道的那个孩子，接收情绪的那个孩子，同时是被父母未解决的焦虑绑住的那个孩子，所以成年后的他非常抗拒人际的冲突。

王老板不是没有抱怨，但因害怕冲突，总是努力付出，可惜团队并未因王老板的用力付出而成为一个团结的团队，背后暗藏各种不满的情绪，只是还没有爆发而已。

另一方面，王老板虽然也为母亲的高功能和高控制欲所苦，然而母亲撑起家是不争的事实，因此王老板经营公司如同母亲撑起家一样，事必躬亲，什么都管，什么都要在掌控之中，怕自己有半点松懈公司就会垮了。如同当年在父亲没有拿钱回家，母亲收入不多的状况下，要靠自己筹学费、赚生活费一般，有着战战兢兢的焦虑，而这份越来越庞大的焦虑让王老板像无法关机休息的机器，好好睡上一觉也变得很奢侈。即使王老板有牢骚与危机感，员工们也有许多不满，但是彼此都适应这样的企业文化很久了，要改变并不容易。

对王老板而言，与其大破大立，不如安于现况；对员工而言，与其自我负责，不如被老板保护。由此可知，造成组织老化的问题与危机原因很多，但是管理者的行为与企业文化绝对是关键原因。

自我觉察练习单

工作上，我正面对什么问题？在担心什么？

自我觉察练习单

担心的事如果发生，影响是什么？

我有哪些资源？可以选择最佳的回应方式是什么？

自我觉察练习单

请试着描述父母关系中的情绪表现模式。

请试着描述自己在职场关系中的情绪表现模式。

在以上两种情绪关系模式中，发现了什么？

2-6　情绪中的三角关系

鲍恩理论的三角关系是指将两人之间的压力和焦虑转移至第三者的情绪流动方式；另一种是两人之间原本是平衡的，但因第三者加入，而引发关系中的压力和焦虑。

所谓的第三者，可能是第三人、生理疾病、心理疾病或者某件事物。若两人的关系系统不稳定，三角便是最小稳定关系的系统，包括父母与孩子、主管与下属、下属与下属之间，因为三角关系涵盖面广泛，放于组织中亦可能成为多数中层主管无法往上升迁的重要因素之一。

紧绷的关系会在三角之间流转，中层主管们怎能不谨慎？

不是偏心，是第三者比较配合

年轻女孩小君来找我，她正在犹豫是否要离职。小君在这家公司待了两年，跟直属主管相处融洽，合作很有默契，主管也很用心带她，愿意传授经验与技巧，一点也不藏私。小君感觉主管更像朋友，除了工作外，还可以一起分享很多生活大小事。比起其他朋友，小君认为自己很幸运，喜欢这份工作，又能遇上好主管。

直到单位来了一位新人，新人的学习经历和语言能力都比小君好。小君开始呈现了对立状态，认为主管比较欣赏新人，愿花更多时间带领新人，因此深深感觉到自己被忽略。尤其是被主管肯定与赞美的机会变少，这让小君很不舒服。有时候，主管提出希望小君帮忙协助辅导新人，小君就会找借口推托：“你自己教就好啊！”或者“新人不是能力很好吗？干吗要我教？”

小君与主管、新人之间就是典型的三角关系。

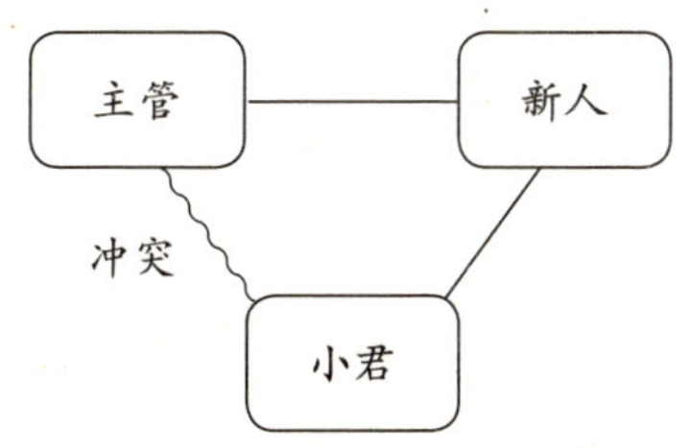

原本她和主管两人是平衡状态，新人的出现打破了原先的平衡，第三者加入之后，彼此的情绪开始流动。由于得不到主管

过往全然的注意，于是小君产生不舒服的感觉，慢慢退出三角关系，让自己变成一位旁观者，采取漠不关心的态度，甚至萌生离职念头。

只是，退出或离开不代表没情绪，小君还是会对第三人产生矛盾情结。即使离开这家公司，到了下一家公司，她如果没有觉察到这一点，还是很难打通这一关。

其实小君理智上知道对方是新人，需要协助，也明白对方具有优秀的资历与条件，可是内心情绪一直无法取得平衡，因此才会有过度情绪化的反应。但又不能把真实情绪宣泄出来，比方说，明明是在找对方麻烦，又得解释自己的挑剔很合理；明明有很多情绪，却要让自己显得很理性；想找新人或主管麻烦， 又想办法合理化自己的行为。

或许有人会觉得小君的反应有点过了，但小君的不安是人性，我们都容易进入三角关系系统，也都容易在三角关系中拉扯与较劲。之所以如此，是因为希望对方按着我们的脚本演出。在小君心中，希望主管能依着她的期待与想象，以前组员少的时候，两人关系紧密融洽，现在组织人员增加，关系稍稍拉开，就难以承受。

如果要进一步了解小君，还是得先了解其在家庭的位置和角色。小君是独生女，父母在她小学二年级时离异，小君跟着母亲生活。而母亲在失婚创伤和生计压力下寄情于工作，和小君父亲几乎没有往来，使得小君强烈感受到被忽略，因此渴望被关注和被照顾。这样的渴望在她的人际关系中不停复制着，当得到的关心不符合期待时，就会想以情绪切割的方式来脱离关系。

如果问主管："是否对新人比较照顾？"我猜想主管会说："有吗？我当时也是这样一路带着小君啊！"

主管若能更了解下属情绪背后的需要，就能分辨哪些情绪与眼前事件有关，哪些是对方内在需求，自己可以回应的范围以及带人带心的相处方式。

中层管理者的确都期待组员成熟后，可以沿用同样的经验再辅导其他新人。主管会认为自己是公平的，只是下属不一定会有同样的认知，公平与否很难有客观标准，因此三角关系就会卡在这个戏码里转不出去。

人际关系中的焦虑情绪推开我们

另一个是充满戏剧张力的三角关系案例，三人就像在演一台戏。

有对夫妻在同一个单位工作，丈夫是中层主管，太太是辖下的组员，单位来了一位年轻女性，带新人的工作自然是身为主管的丈夫。

没想到，太太变得没安全感，整天疑神疑鬼，随时留意两人动态，是不是一起离开办公室、一起回公司？由于太太过于紧迫盯人，新人被弄得很紧张，连丈夫都快抓狂了。这样的状态持续了好几年，最终丈夫选择离职，两人以离婚收场。团队组员只剩下太太与这位新人。

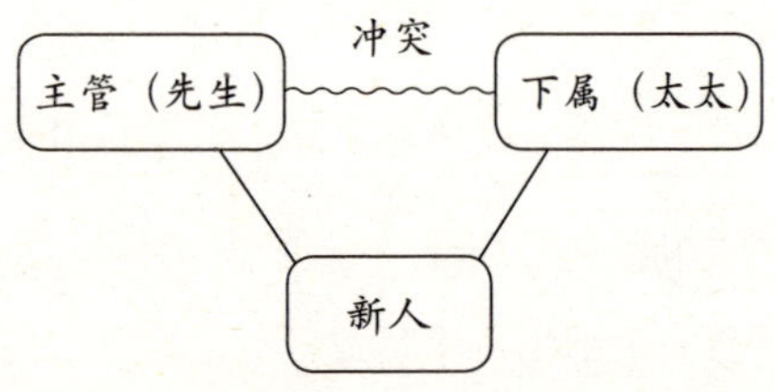

虽然这组三角关系是夫妻加上新人，但跟前一个例子相同之处是，不舒服的案主都认为主管对新人的照顾大过于自己。也许是立场，也许是认知，也许是争宠（希望被看见与肯定），但下属谁不想在主管面前好好表现？然而对中层主管而言，下属求表现原本是好事，可是一旦陷入三角关系，恶性竞争就会变成恶斗内耗，甚至扩大为连锁性的矛盾，如此一来，不仅不利于个人，对团队的绩效表现也有很大影响。

当中层主管面对这些“剪不断，理还乱”的人际问题，最后常常是无奈地两手一摊：“我为什么还要增员带人？”

被下属情绪勒索的中层主管

中层管理者最深的感叹是，自己在基层时只要做好分内的事，专心冲绩效即可；但成为主管以后，对上要符合公司目标，要与平行的同人合作，对下还要做人员辅导，不仅责任加重，还可能被下属们情绪勒索，这些因素都影响中层主管往上晋升的意愿。

如果能自我觉察，看见问题本质，处理人际问题其实并不困难，关键在于能否理解问题的本质。我们很多经验是卡住的，常常只处理表面问题，暂时渡过危机，没过多久就会发现好像撞墙一般，不断重复，老是陷入同样的困境。

较容易观察到的是，两人之间焦虑太强或是冲突太过频繁，以致两人关系无法负荷，很多人会自动减少来往，甚至不来往。这就是先前提到从疏离到情绪隔离的状态，然而焦虑情绪需要出口，因此自然转移到三角关系上。

健康一点的三角关系，是把时间用在运动、社交活动、信仰或成长课程上；负面的三角关系，有些人会表现在健康上，如内分泌失调、自律神经失调或免疫系统失调，造成睡眠障碍或生理疾病。有些人情绪常处于过度激昂或过于低落的不稳定状态，或是发展另一段三角关系。但真正的核心问题终究没有解决，同时还会在不同的关系中继续复制相同的相处模式。

自我觉察练习单

一、请试着描述自己的三角关系经验（被拉进三角关系或拉别人来制造出三角关系）。

二、自己在三角关系中的立场与感受是什么？

自我觉察练习单

三、如何让自己保持情绪中立？

四、准备如何开始重新建构关系经验?

2-7　代际传承：成功模式能复制吗？

代际传承，简单来说指的是有些现象、行为、症状、规则、价值观、迷思，一代一代地发生着。例如公司建立时制定的规则或潜规则、老板平时展现的价值观和行为、高层主管的领导方式等。如同家庭中父母的角色，位阶越高影响力越大，个人转移焦虑的情绪历程（自动化历程）便由个人系统和组织系统交互影响着，一层层形成了公司的文化。

主管的成功模式能复制或转移吗？

你是否遇到过能量用不完的主管？如果有这种上司，那你可得好好蓄电才能跟得上顶头上司的脚步。我有一位朋友被称为“铁人”，我从没见过他有体力耗尽的时候，他永远都有用不完的电力，时时都在亢奋状态中。

“不断超越自我，挑战、挑战、挑战！”这是他的信念。

“铁人”排行老二，有一个哥哥。哥哥从小就品学兼优，父母常拿被赋予高度期待的哥哥跟“铁人”比较，“铁人”一直处在这种压力下，自信尽失，觉得自己不被重视、被忽略，功课成绩表现平平，直到高考前两个月才用功冲刺，后来他“吊车尾”考上大学，虽然不是最如意的科系，但这种经验大大鼓励了他，“只要努力，就会有成果”成了他信奉的圭臬。大学时，他开始参加登山社，从体力上挑战自我极限，同时对自己越来越有信心，最后追到了社团里最美的学妹，两人交往多年后结婚。

原本岳父母并不喜欢读文科的“铁人”，担心女儿会吃苦。为此“铁人”开始努力到商学院修学分、旁听课程，最后还申请会计系双修，毕业时拿了双学位。后来接连考上会计师、取得执照，进入知名的会计师事务所工作。岳父母不再挑剔，把女儿交给他。

会计师是专业工作，收入也不错，但是喜欢挑战的“铁人”觉得无趣，希望收入可以跳跃式地成长，于是转战到房地产行业。二十多年前房地产市场形势一片大好，他又喜欢跑东跑西，入行没多久，就成了全公司的超级经纪人，年薪千万。

激励的领导方式是好是坏？

“只要我愿意接受挑战，绝对没问题。”这是“铁人”的铁律。但这铁律套用在他带领下属时，踢到铁板的程度随着组织扩大变得越来越重。他带领下属的方式，总是信心喊话，激励下属要不断尝试挑战、不断超越自我，鼓励大家参加登山、极限运动、壮游、健行等活动。他深信只要突破体力，工作表现就一定没问题，因此整个团队充满了浓厚的斗志。

“铁人”手下的经理们都跟随他多年，有着上山下海的情感。他们常在激励会议时播放当年一起登百岳、练习马拉松、跨越五大洲的影片，影片中有着许多互相鼓励、扶持着完成目标的感动画面。只是影片中的人随着年岁流逝，多数已经离开，另有发展。留下来的有些现在是大经理，有些是资深中层管理者，他们如同“铁人”的粉丝一般，正在计划着下一次的挑战，也鼓励着部门同人不断自我挑战。

这群业务员看起来好像由上到下，对“挑战”都充满了高亢热情。每天上班，一定会呼口号，有人上门，一定抖擞大喊：“欢迎！”每张脸看起来都很有希望，可是实际上的产出却不如预期。除了“铁人”自己本身的绩效依旧挂帅之外，底下的成员绩效常常挂零，惨不忍睹。

这是值得探讨的现象。为什么身为领导的“铁人”如此积极且有成绩，却无法有效领导他的下属同样向上成长？

首先，“铁人”太过以自己的经验为唯一真理，而忽略了别人是否可以横向移植他的经验，成为复制成功方法的捷径；其次，当铁人一直用信心喊话的方式鼓励下属，听久了也很容易流于形式。

职场上，不管哪个领域和职位都需具备专业知识，我们在商场上谈判或服务客户时，不可能把自己的专业技能搁置一旁，只是凭着热情跟对方互动，第一次见面可以，前一小时可以，但如果一直如此，效益递减，客户甚至会怀疑你的专业度。

举例来说，当客户询问房子的装潢材质、管线问题时，房产经纪人只是口头上的实问虚答，避重就轻猛挂保证：“您放心！我会再去问问看。”如果你是客户，会信任这样的经纪人吗？“铁人”带领团队的模式，很大的问题就在于专业能力没有被正视与强调。

当下属告诉“铁人”：“我业绩不好。”“铁人”的反应不是找出问题所在，而是马上要求下属：“去跑步、去爬山，好好振奋自己，告诉自己没问题。”

除了专业知识没被重视，下属的负面情绪也没有完整出口。身为主管的“铁人”一直用积极乐观的方式引导大家，下属很难有理由或有机会可以释放自己的低落情绪。而这些未被释放的负面情绪从来没有因为“铁人”的“挑战、挑战、再挑战”勉励口号而消除；相反，可能会藏得更深，日后反弹也会更强。

热情与专业并重

我们试着换位思考：当你工作陷入低潮，看着身旁的人与主管仿佛都在前景一片光明的状态里，你还待得住吗？会不会觉得自己能力不足，跟不上他人而更想退缩？

“铁人”采用这种领导风格，新人如果无法适应，留不住一点都不意外，因为遇到困难，主管只有激励，能给的实质引导有限，新人无法解决问题，自然会选择离开。而有经验的同行，若不喜欢这种领导风格，更不会跳槽至此。因此，“铁人”能够吸引的多半都是刚入行或刚毕业的新人，因为对这行本身具有新鲜感与热情，所以较好引导。

负面情绪就像乌云，从来不会因为太阳拼命照，乌云就会烟消云散；云会褪去，是各种因素促成的，如果该下雨，就下；如果风起，它便随风飘。从来都不会只是太阳在，乌云便消失这么简单。

“铁人”诉诸精神层面的激励方式不是不好，而是简化了高层主管的组织领导，精神与热情、专业职能与心理素质，是需双轨并行于员工训练中的，缺一不可。

“铁人”的组织中有很多年轻人加入只是表象，而实质却有很多的危机，因为带领模式重在强调感觉，陷在激昂情绪里，大家无法明辨真实状况与核心问题，在精神层面上团队高度融合在一起，现实世界中却无法相融。

以“铁人”来说，早期扭转自我观点的成功经验形成“只要努力，就会有成果”的信念，日后更是不断累积强化此成功经验，以致这个信念变得越来越坚固，却始终缺乏因人制宜的弹性。

当“铁人”逐步晋升，他能影响的组织范围也越大，他的信念和做法被直属主管学以致用；承接的直属主管带着新进同人一起如法炮制，渐渐成为组织中的文化。

然而，组织中每位同人都是独立的个体，本身也有来自过去的经验和信念，从而形成今日的内在系统。因此，不能像放上生产线的货品，一套方法全体适用。

大多数老板常念兹在兹，说“人才”是公司最重要的资产，那么对人才进行培育，有如制造产品般，愿意投入大量研发经费，深度了解个体系统与组织系统如何合作，或许如此才能协助人才适才适所发挥。

自我觉察练习单

一、我的成功系统/法则是什么？

二、我的成功系统/法则分享或复制给其他人时，常得到的回应是什么？

自我觉察练习单

三、不同特质、不同成功系统/法则在团队中有何优缺点?

2-8 社会情绪历程

社会情绪引发的问题与家庭情绪引发的问题类似，所有人际互动都是自我交换的过程，三角关系也存在于所有关系之中。焦虑情绪所引发的各种症状，终将导致家庭与社会功能水平退化，于是呈现出更多的社会问题，同样的，这种问题也会反映于职场中。

这一章的案例，是从一名高层管理人员的角度来看职场上的管理问题。身为高层领导，当然喜欢自己带的团队和谐，但期待归期待，人的问题从来都不是一厢情愿就可以获得解决的。

团队和谐，却引来更多不满？

这名高层领导非常圆融温和，几乎所有人第一眼看到他，都会被他的沉稳内敛所吸引。他一头白发，总是西装笔挺，谈吐优雅风趣，极为绅士。开会时，如果会议议题硝烟味较浓，他会适时以幽默圆场，缓减大家高涨的情绪，因此老板们个个都欣赏他，合作厂商和其他部门成员也都喜欢与他互动。如果不把辖下直属单位纳进来讨论的话，他的确是位迷人且受欢迎的人。

这话有玄机？没错，你看到细节了。

对下属们都很好，也很开放，只要新人愿意表现，他总是回应："好，我支持你！"他不曾否决任何人的任何提议，只要是对公司组织有益的想法，他都会全力支持。同人之间难免有嫌隙，他们来找他吐苦水也好，批评别人也罢，在他面前，几乎什么都能说，他总是耐心地倾听他们的牢骚，同人完全不用担心说了不得体的话而被斥责。

在他面前，表达永远安全。而他也从来不曾有过度喜恶的情绪，就算有，也只是少数人见过。虽然他的办公室门永远敞开，但下属却很难真正找到他，因为他只在重要会议时出现，往往会议结束后，就不见人影。

"他一定有很多事要忙。"下属之间这样解释。

"上一次跟他沟通后，他勉励我不少，也支持我的想法，可是没见任何改变。"下属 A 有点困惑。

"我之前也跟他沟通过几次，每次他都很认同我，不过从没下文，后来干脆算了，我又不能去追着盯进度。”另一名下属附和着。

这不是一两人的声音，而是底下的人几乎都有这种“结论”。换言之，他们找他谈了很多事，最后都是不了了之。这跟他曾经面对面给他们的鼓励与肯定形成鲜明对比。

渐渐地，资深下属也不去找他谈了，只有刚进单位的新人因对他的“和善”不够了解，还会积极沟通。其余的人都得自立自强，无法把他当成是支持自己往前冲的后盾。

也许读者会有疑问，难道下属不会直接挑战他吗？会的，同人们有此想法，也曾经试过，然而“挑战”却很难被挑起。他把情绪藏得很深，下属满满高涨的情绪最终一拳打进棉花团里。

下属看他跟外面的人评价他是两个极端。在下属的眼里，他几乎等同于尸位素餐，只是一位什么决策也不做的滥好人。

为什么同一个人，内部与外界对他的评价天壤之别呢？这跟角色与位置有关。外界的人跟他没有利害关系，只是站在朋友角度，他的温文儒雅是很棒的人格特质。但回到职场上，谈效率、要产值，他给不了下属明确的方向与远景规划，赏善罚恶鲜少发生过，连下属跳槽，带兵带枪投靠竞争对手，仍未见他有积极作为，这要下面的人怎么跟着他打仗？

无为而治形成无产值

我们用鲍恩理论来了解这位高层领导的背景。

他的父母早期随着祖父母务农，后来转为劳工，是底层的劳动者，他排行老大，有好几个弟弟妹妹。父母对身为大哥的他充满期待，希望他照顾弟弟妹妹，甚至全家。相对的，父母也把多数资源投注在他身上，所以他认真念书取得很优秀的学业，弟弟妹妹们因为获得的资源较少，几乎都留在基层从事劳动工作。

当然，他并未推卸自己身为老大的责任，他也知道自己要照顾全家，所以弟弟妹妹们要是没上班没收入、经济状况不稳，他都得支援，不能划清界限。老实说也扛得很辛苦，不知道这份责任要扛到何时。

他将这份想照顾人、得照顾人的特质也延伸到职场里。他能升到高位，一路虽风风雨雨，但懂得自保，也希望保住所有人，有人离职就等同于他“没把弟弟妹妹照顾好”，因此适合、不适合的人都要留下。身为领导者，无法跟任何人开口说：“你不适任，离开吧。”他当不了坏人，无法裁决、无法表态，因为一表态，就好像意味着要把某人剔除掉。因此只要他在，每个下属都可安稳地待在这个单位里，除非下属自己离职。

职场上的明枪暗箭只能自己吞下，只要还能按捺住，不要表现出情绪，不要有所反应，就不会有事。

大哥一直想照顾弟弟妹妹，但弟弟妹妹不一定有被照顾的感觉；同样的，他想照顾下属，但下属不见得会领情。他一厢情愿地想把大家圈在一起，可现实却是下属无感，甚至彼此形成竞争关系，乃至认为“他无能，无法淘汰不好的人”。

他自己当然知道这样的状况，所以压力很大，大到想逃，于是会议结束后就不见踪影。这是最直接的反应，根本不想留在办公室里；想逃避责任，却又一直试图控制状况；别人觉得他落跑，可是他却以为自己镇住了所有状况，最终形成了纠葛的矛盾现象。

从鲍恩理论来看，他很明显有了情绪隔离的状态。

综观职场，很多高层主管都有情绪隔离的特质，因为希望自己不要喜怒形于色，于是在人际交往中产生隔阂，本意是希望客观，却导致情绪无法交流、想法依赖于猜测和想象；而大家也都很有默契地维持表面友好，毕竟冲突并非大家所乐见的事，私下还是会有小圈圈，彼此可以取暖，或攻讦对立的一方。

互相取暖就会让圈内人情绪融合，讲他人的是非八卦这类无关紧要的事就成了小圈圈结合的核心，如此氛围导致只会看关系，易流于情绪用事，而不讲对错，整个组织就容易二分化。

当大家都带着情绪来处理事情时，情绪在一个环境中跟着流动，焦虑气氛就会愈来愈浓，大家无法理性思考，无法分辨事实，也无法让自己站在一定高度去看什么对组织发展是好的。

组织成员只会看是不是同一挂的，如果是，就站在一起；如果不是，就对立。当对立越明显，组织就会开始走向衰退。

组织里的人，对未来发展会有更多迷惘和疑惑，彼此花太多能量与力气在情绪上，而无法正常开展工作，不认为可以一起打拼、一起奋斗，渐渐对工作没了兴趣，也失去憧憬，总觉得做再多都是白费。这样一来，组织会慢慢老化，因为早期进来的人停滞不进步，而新进的人也留不住而离开。

组织退化这一结果是希望维持和谐的领导者始料未及的。领导者若想化解组织的状况，脱离这组织系统难题的关键，还是要回到稳定自己的情绪反应上来，以系统角度思考，以理性与原则奠定立场，那么组织中的成员也会受到影响进而得以改善与稳定。

第3章

情绪排雷：有意识的自我分化

我们在前面看了几种鲍恩理论的典型案例，个案的职阶囊括基层到中高层主管，相信这些故事，可能会让你想起某些曾一起共事的同人，或是现在还在你身旁让你困扰不已的伙伴，或许也可能就是你自己。

如果你能对应到某些故事主角身上，从而看见自己似曾相识的行为或思考方式，那么，我将恭喜你。为什么呢？因为写这本书就是希望通过鲍恩理论帮助职场中的你认识自己，进而让工作更顺利地开展，而不是进退两难，被情绪地雷伤到。

鲍恩理论非常适合运用在观察与分析职场情绪流动上，也适用于教练过程。如同在与个案进行教练会谈时，教练会以提问的方式引导个案看见自己，对自我的情绪或行为有所观察（参考第2章中的《自我觉察学习单》），当你成为自己的情绪教练时，鲍恩理论为你提供了一种自我观看的角度，然而在观察并分析同事的行为模式时，别忘了他人正是自己的镜子。通过这本书，我们更期待的反馈是回到自身，在理解他人的同时，更能清楚地看见自己、了解自己。

如同书中所揭示的各种情绪展现的样态，情绪有时像颗未引爆的地雷，若不小心点燃了引线，不止是职场，自己的人生也会被轰得遍体鳞伤。若没有有意识地观察自己的情绪，当情绪产生时，通常会不假思索地启动自动化反应，只是凭借自己的习惯看事，可能会失去理解事件全貌的能力，长期下来，将直接或间接影响到我们的价值观、行为模式与人际关系。

每个人看事都有不同的角度，若不能彼此理解，很容易产生隔阂。鲍恩理论可协助我们看见每个人的情绪系统，了解系统的运作。

鲍恩理论强调自然观察，除了观察自己，也观察外界，通过观察了解“发生了什么事”“何以发生这件事”“对这件事做何反应”。

鲍恩理论能够避免将自以为是的想象认定为事实。

职场里充斥着太多个人的想象、臆测与解读，主观认定与情绪化反应为常态，导致事件全貌容易被扭曲。因此，运用鲍恩理论觉察自己的同时，观察他人进而理解事实，才能对事件做出经过思考的决策与行动。

3-1 自动化情绪历程

自动化情绪历程是指不需要经过思考就能直接做出反应。或许你曾发现，虽在不同年龄、不同环境、不同事件中，却有相似的压力、类似的冲突、同样的困境，像“鬼打墙”一样重复发生与上演。自己似乎也像自动导航一般，同样的情绪反应、同样的应对模式，结果仍摆脱不了掉到同样的情绪黑洞。

在鲍恩理论里，将负面不安的能量统称为焦虑。

急性焦虑与慢性焦虑

焦虑又分为急性焦虑（压力）和慢性焦虑（压力）。

急性焦虑指的是眼前正在发生的情境与事实，当下因害怕而产生的压力。而慢性焦虑多半指的是对未来可能发生的情境所猜测与想象而带来的担忧与恐惧。

一般人在经历过深刻的刺激事件或强烈沉重的压力后，会刻印与学习到特定的信念或价值观。而这些信念与价值观是为了帮助自己在未来再遇到类似的事件与压力时，能够免于危难。

急性焦虑若未经疏导，将慢慢转变为慢性焦虑。所以，慢性焦虑可以说是来自每个人的早期生命经验，或目前生活中持续存在的压力。

当与过往类似的深刻刺激事件或强烈压力发生时，急性焦虑将触发早期经验的反应按钮，目的是要帮助自己避开以前经历过的惨痛经历，因而自然地、直觉地启动自动化情绪历程。随着时间推移，人事变迁，过去所学习的生存之道可能已不适合应付现今的危急处境，所以每次再遇到同样的处境，都会以同样的自动化反应面对，必然屡屡卡关而过不去，就如常听过的话："用同样的思维，同样的做法，却想要不同的结果。"殊不知情绪反应和信念就像自动导航般，老早就设定并存在脑中，你脑中的地图并未更新，事件总是循环反复不断发生，结果没有改变，也到不了你想去的地方。

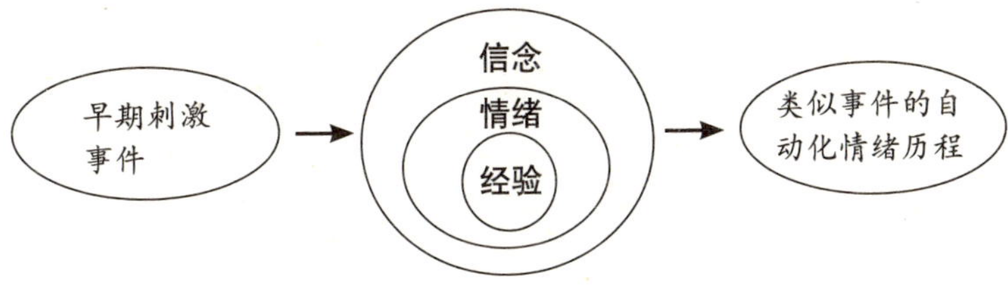

当事件发生时，不需要经过思考就能直接反应，就是自动化情绪历程。

例如，老板请你等一下到办公室找他。你的内心小剧场就开演了起来：老板是不是不满意上回我的提案。而刚刚看到老板给秘书交代事情时，脸色严厉，于是担心和焦虑开始上升，坐立不安、冷汗直流，胃也翻搅起来，根本静不下心把资料好好整理再看清楚。果然在老板办公室因为过于紧张，无法好好回答问题，被劈头数落一顿，自咎“我果然还是不行，事情都做不好，真的是能力不足”。

当这样的自动化情绪历程重复发生，等同于不断地印证对自我的负面观感与信念，当然情绪会变得敏感且容易一触即发。

摆脱自动化情绪的反应模式

我们若要摆脱无意识的自动化情绪历程，首先需要向内观看，觉察自己在行动上感受到哪些情绪，有哪些想法或认知。同时也要开放自己向外观察，观察对方所采取的行动是什么，和我之间的关联有什么，我们是如何相互影响的。

梳理人际关系中的自动化情绪历程步骤如下：

1. 试着让自己待在“观察者”的心理位置，即让自己以第三人的角度看自己。

2. 观察自己与他人之间的一连串反应。看见A反应会引发B反应，在B反应后接下来A会有的反应，而后B又会再有的反应等一系列行为模式。

3. 试着觉察自己的自动化情绪反应，踩刹车并停下后续反应。

4. 观察并调节自己的情绪。

5. 能够控制自己的反应，让自己更往情绪系统外移动。

6. 一旦能够站在更外围一点，就更能看清自己与他人或系统的反应，从而改变情绪系统。

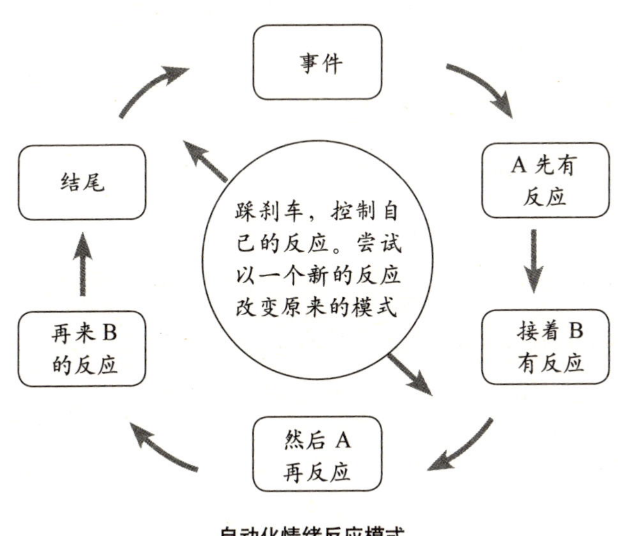

自动化情绪反应模式

我们可以参照下表进行自动化反应模式训练：

激发情绪地雷的导火线		
冲突如何增温、扩大、激化……最后爆炸	语言刺激	人身攻击、不停唠叨、威胁、比较、指责……
	身体接触	推挤、拉扯、丢物品……
	肢体语言	不耐烦、鄙视……
	行为表现	摔东西、走开、捶墙壁、冷漠、自我伤害……
	情绪反应	生气、愤怒、难过、绝望、恐惧、不安……
冲突（地雷爆炸）后	如何结束	沉默、有人离开现场、有人受伤、有人报警……
	有没有和好	事后好像没发生过、冷静交谈、找第三人评理……
地雷爆炸后对关系的影响	促进关系	更了解彼此、知道彼此在意的点、包容接纳彼此……
	破坏关系	为避免冲突而疏离、压抑真实想法和情绪、退缩……

3-2　主动进化你的人际关系

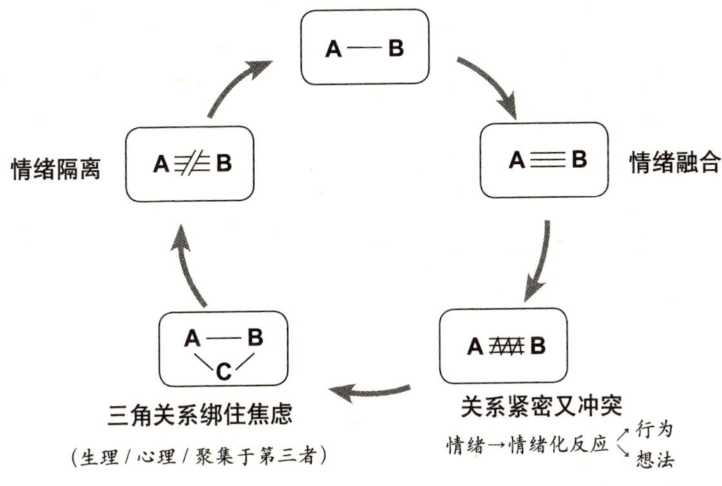

人际关系演进

这是常见的人际关系演进过程，通过这张图来看 A、B 两人的关系如何流动。

情绪融合

A≡B

在人际关系发展历程上，A、B 两人从关系友好到日渐亲密，彼此愿意把各自的自我互相交换。例如，你喜欢看电影，我就愿意牺牲自己的时间跟你一起看电影。我用一部分的自我跟你交换，好让我们的感情愈来愈好。

自我交换部分愈来愈多，却不知道要踩刹车，只知道跟对方愈来愈好，情绪融合愈来愈深，关系从亲密到紧密。

然而这毕竟是一种交换，我拿出我的自我，你也得交出部分自我，才能证明我们关系很好。因此，关系愈亲密，愈期待对方为彼此改变，甚至会认为这才是“你爱我”的表现。在职场上也是如此。例如，交换同事之间的交情，交换老板和主管的赏识，交换自己想要的位阶、薪资、福利，等等。

可是，当我们改变成对方期待的样子时，就失去了自己原来的样貌。被要求太多，就得放弃很多自我。或许会有那么一天，我们发现自己不再像自己，甚至不喜欢这个改变后的自己。

若抬头仰望，我们可以欣赏蓝天，也喜爱变化多端的白云，然而云从来不曾为无垠的天空而变，不是吗？但为何在人际关系里，彼此会因为期待亲密而要求对方改变，却又因过于紧密而导致压力与焦虑？

关系紧密又冲突

A B

当焦虑愈来愈深，两人关系紧绷，从沟通到争执，从争执到冲突，焦虑就像踩了油门似的不断加速加温。

我们所处的社会环境不鼓励表达情绪，多半采用压抑或忽略的方式来解决问题。在家庭中如此，在职场里更是如此，一旦喜怒形于色，就可能被贴上“情绪化”的标签。更有甚者，被认定为情商不佳，能力不好，而忽略真正的绩效表现。

只有不被情绪化反应所呈现的行为与想法所控制，关系才不会往渐行渐远的方向移动，才能促进彼此的了解与合作。但若渐行渐远，部门冲突发生时，可能会有高、低功能互惠关系的现象：

高功能者自动化地介入及主导。高功能者像无所不能的问题解决者，把工作和生活打理得很好，好像别人都要按照他的想法去做、去思考、去感受才是对的。自己接手别人能胜任的事，却认为别人没达到应有的标准，视对方为“麻烦”。

低功能者没有置喙的余地，只能顺从配合。做任何事都会被嫌弃或视为麻烦制造者，即使会做的事，也因害怕达不到标准而寄希望于请示，想得到他人的建议，担心多做多错，所以慢慢地变成被动的等待。

长此以往，一方越做越多，另一方却越来越没事做，多做的人委屈又辛苦，没事做的人则委屈没有发挥自身优势的空间。

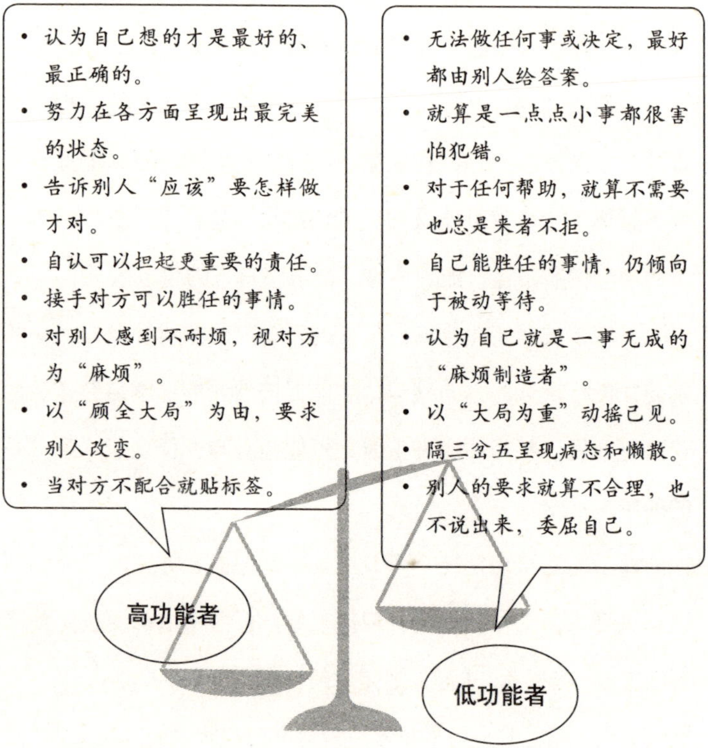

- 认为自己想的才是最好的、最正确的。
- 努力在各方面呈现出最完美的状态。
- 告诉别人“应该”要怎样做才对。
- 自认可以担起更重要的责任。
- 接手对方可以胜任的事情。
- 对别人感到不耐烦，视对方为“麻烦”。
- 以“顾全大局”为由，要求别人改变。
- 当对方不配合就贴标签。

高功能者

- 无法做任何事或决定，最好都由别人给答案。
- 就算是一点点小事都很害怕犯错。
- 对于任何帮助，就算不需要也总是来者不拒。
- 自己能胜任的事情，仍倾向于被动等待。
- 认为自己就是一事无成的“麻烦制造者”。
- 以“大局为重”动摇己见。
- 隔三岔五呈现病态和懒散。
- 别人的要求就算不合理，也不说出来，委屈自己。

低功能者

高、低功能互惠的状态或许是关系中的一种平衡，但不论是高功能者还是低功能者，累积的委屈或焦虑无法排解时，可能会产生情绪化思考和情绪化行动。

由焦虑所引发的主观感受与想法，因感受强度，常将猜测及想象的部分信以为真，做出与事实有距离的情绪化思维与行为反应，如此反而造成焦虑与压力加剧，如同恶性循环的旋涡，在不断的负向旋转中将彼此关系推向更紧张的境地。

三角关系绑住焦虑

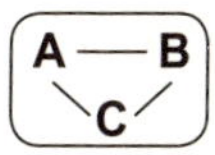

当两个人的情绪张力超出两人关系所能负载时，就要找一个出口作为杠杆，而三角关系作为缓冲的出口则是最常见的。

在职场与他人意见不合或发生冲突时，多数人为避免日后工作、升迁、加薪生出绊脚石，会采取减少和对方来往的方式以避开冲突，或是找局外人诉苦、建立风向球，以避免把核心问题摊开谈清楚。

把核心问题摊开谈清楚是需要挑战双方的情绪成熟度与勇气的。相对的，较轻松的方法是转移注意力到其他人、事、物上；但凡无须直接面对两人之间的焦虑，能将其转移的所有人、事、物都是关系中的第三者。例如，既然一沟通就上火，倒不如忙其他事来减少接触；或者眼不见为净，早点下班，约几位关系好的同事诉苦，建立同温层。

当职场中的焦虑没被处理而扩散，就会不断拉第三者巩固各自势力，慢慢地多数人就会开始选边站，让自己与某一群人同盟，心理上感觉较有安全感和归属感。因此“挺关系，不挺是非”的团体迷思就产生了。关系佳，绿灯直行；关系不对，困难重重。

二元对立的现象让整体运作退化，无法凝结团队共识，团队无法往更好的方向前进，反而需要花更大的能量应对弥漫在职场中的焦虑。

在婚姻中也是如此，夫妻间的焦虑容易转嫁到孩子身上。在亲密关系中，当其中一方不想再面对两人之间因过度紧密产生的冲突时，就会把注意力转到第三者身上。第三者除了是孩子，也可能是小王或小三，甚至还可能是密集的加班、运动、聚会、应酬、课程等。

若把压力转到人或事的三角关系上，还算有出口，没有出口的三角关系，压力很可能会内化成为身心疾病，例如免疫力下降、忧郁、肠躁症、失眠、恐慌……

情绪隔离

A ≠ B

当你不想面对长期融合的压力与冲突，拉开一点距离可能暂时会感觉好些，所以在职场上有些人可能会选择请调部门或转调到不同的单位。这是从物理上拉开距离。当无法从物理上拉开距离时，有些人就选择从心理上拉开距离，不再和冲突的对方有所交流。如果工作上需要交流，就勉为其难地公事公办，工作之外就井水不犯河水，形同陌路，将彼此的存在当成空气。当无法容忍时就选择转换跑道，完全离开。

但离开、切割关系就可以解决一切吗？其实这种拉开距离的疏离状态并不能解决根本问题，此刻压力仍就留存，很可能会反映在自己的身心状态里。很多人并未觉察自己的身心健康其实跟之前所经历的压力和情绪有关，如果此时不懂得通过觉察向内自我探索，就会一直流于表层认知，以为当前现状没有冲突，问题就算是解决了。

双方若是职场同事，也许借由离开职场让关系自然中断；若是夫妻，或许会选择通过终止婚姻让彼此关系终止；若是家人，即使亲子、手足之间抽离，血缘关系还是得继续面对。关系间可能会是融合、抽离，再融合、再抽离，不断循环，这样的模式会不断地复制在处理各种人际关系里。

或许你曾观察到职场中有些人总是冷冰冰的，在人际互动时没有友好或亲密这回事，看起来没什么情绪起伏，一副高深莫测的样子，奉行着“喜怒不形于色”的宗旨。这很可能是他在过去的人际交往中学来的，因此才保持着人际交流距离，以避免冲突。大部分人是从家里开始学习人际的互动方式的，也就是从父母或主要照顾者身上学得的，如果父母或主要照顾者较少有心理上的交流互动，孩子在成长过程学不到情绪表现的方式，自然呈现出人际疏离或隔离的样貌。

自我分化，辨别人我之间的界线

自我分化（differentiation of self）是鲍恩理论的核心。自我分化的概念有点像是细胞分裂，它是一种状态、光谱以及由此产生的行动。自我分化程度越高的个体，越能超越与他人的自动化融合或自动化疏离。

自我分化能够协助你清楚辨别人我之间的界线，可以自在地穿梭于自己与团体的各种关系之间，不被过度的情绪融合所困扰，也不会因冲突而产生情绪切割。成熟的自我分化，不会因关系过度黏腻或疏离而影响自我价值判断，更不会因关系融合而兴起或因关系疏离而低落。

如果自我分化得好，就会很清楚自己与他人的关系状态，清楚明白自己的立场与原则，不会无意识地情绪融合或极端地情绪切割。自我分化高的人，并非只会想到自己，同时可以顾及自己、关系、整体。

以下面这张图为例，当关系过度融合时，高自我分化的人会进行思考：

我要不要这么投入与纠葛？我要不要踩刹车？

他希望我交出自我，但我不想完全交出去，我能不能讲清楚自己的立场？

当关系产生冲突时，高自我分化的人会思考情绪与界限：

你的情绪是你的，我的情绪是我的。

我可不可以把自己的情绪表达清楚？

当两人关系陷入僵局而焦虑时，高自我分化者可以决定要不要进入三角关系，什么时候进入三角关系，或者何时离开三角关系；所有决定都是在有意识的状态下产生的，都是经过一连串细腻的观察和思考才产生行动的。因此，不会让自己流于无意识的自动化情绪反应与行为。

大自然都有晴雨变化，我们的喜怒哀乐当然也是自然节奏中的一环。虽然过于紧密融合的关系容易带来情绪，但我们可以通过练习，安定并照顾好自己的情绪。

当情绪来时，首先把情绪安置一旁，停下来询问自己：

为什么我会生气？

为什么此刻我会觉得沮丧？

现在我的感受很真实，但我所想的是事实吗？还是我自己过度臆测的结果？

自我分化程度越高的人，越能够提供更多事实依据，以避免自己的情绪无限蔓延或沉溺。也就是会为自己的情绪反应按下一个“暂停键”，在暂停的空档处，更加清楚地观察自己的每一个状态。

1. 自我的构成要素

在鲍恩理论中，“界定自我”是很重要的一环。

界定自我，即由我来定义我自己，而不是由别人来定义我自己。自我，基本上由基本自我与假自我所组成。

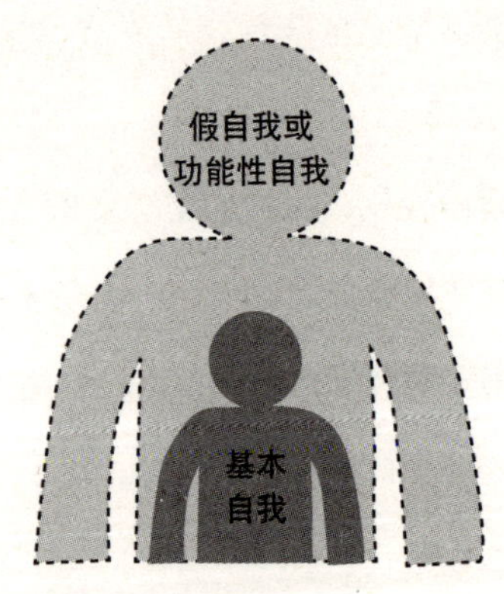

基本自我与假自我是同时存在的。鲍恩是这么定义基本自我的："基本自我是可靠的特质，可用这方式说明'这是我的立场，这就是我，也是我做或不做的基础，这是我的信念'。"

基本自我不会在关系中参与自我借贷和自我交换，因此当基本自我愈大，自我分化程度也就愈高；反之，基本自我愈小，自我分化程度就愈低。

与基本自我性质不同的是假自我（也称功能性自我），根据鲍恩的定义："假自我，是受关系系统影响所产生的，假自我在关系系统中可以协商。"

我们每个人都有假自我，多数时候假自我是在面对关系融合时自我交换的那部分，不同于坚固可靠的基本自我，假自我是自我中社会化、自动化的反应。在团队中，当假自我愈大，愈容易不假思索地配合或陷入团队迷思。

你可能在职场上见过有些能力很强的同事，自我要求高，凡事都要做到尽善尽美，但同时需要他人不断吹捧与认同，倘若没有得到实时赞赏及肯定，就会吹毛求疵，或者情绪低落，这样的情形就是假自我（功能性自我）很大，基本自我却很小。

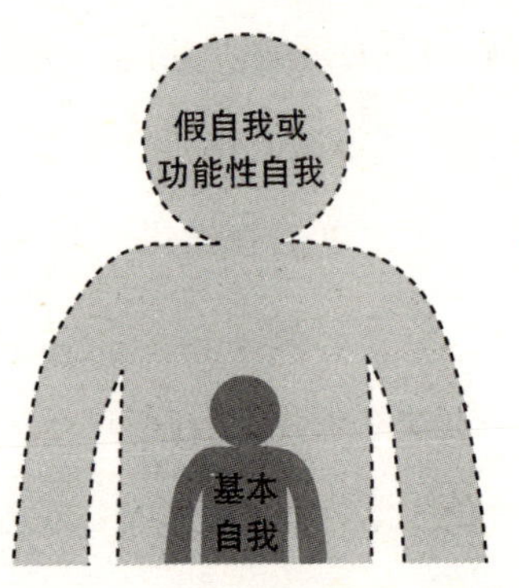

▲ 低分化自我具有较少完整界线与较少的基本自我

假自我小，多半会被人认为能力不足、效率不彰，所以可能较难符合社会和职场的期待。

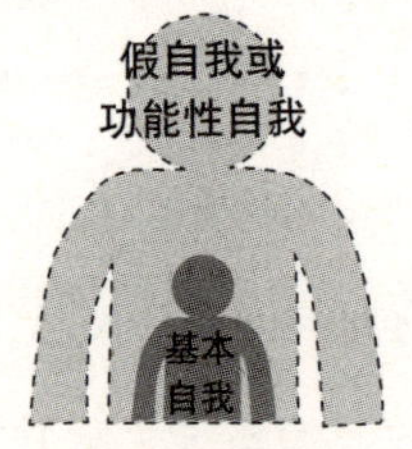

假自我大，基本自我也完整的人，能有完整的选择权，不会跟着团体随波逐流。例如，当大家都在加班，如果他已经完成工作，他可以选择加班或不加班；当大家都要一起聚餐时，他可以选择加入或不加入，不会怕自己被边缘化而勉强加入大家。这类人很清楚自己要做或不做什么，在行动之后，不需要他人的肯定也能心安理得，并且很愿意与他人互动，若有他人肯定也会感到喜悦。

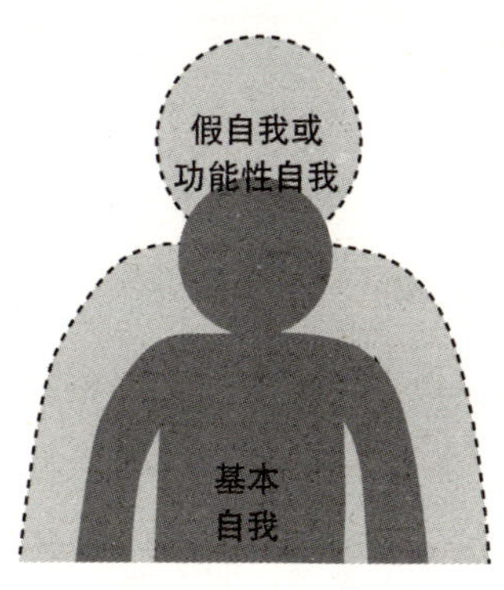

▲ 高分化自我具有较多完整界线与较多的基本自我

你想要什么样的生活？

你希望取得什么样的成就？

你期待的人生是什么样的状态？

人生由生活与工作组成，“关系”存在于二者之间。生活安定、工作有成就是大部分人的渴望，然而若为职位、名利、财富、人际……用过多的自我交换，不免容易陷入无力与焦虑；若能提高基本自我的范畴，清楚自己的界线与能力，那么便能自由地在生活与工作的各种关系中游走，从而得以自在与满足。

2. 提高自我分化

我们在前面章节中谈了很多案例，这些案例背后都谈及了家庭关系或关系系统中可能产生的问题，因为鲍恩理论就是“当你懂理论时，你就会运用它”。了解理论，把理论用到自己身上，先了解个人内在系统，再了解关系系统中的自己和他人，进一步了解不同的系统如何互相影响。所以要提高自我分化，减少自动化的情绪性反应，需要做的第一件事正是你现在在做的：学习理论。

当你学会画组织图或家庭图，如下列三图，就能发挥具象化“见树又见林”的效果。

高层主管
老板
中层主管
经理A
经理B
基层人员
员工
员工
员工
员工
员工
组成团
第一代
祖父
祖母
外祖父
外祖母
第二代
老大
老二
老三
老大
老二
第三代
老大
老二
家庭团

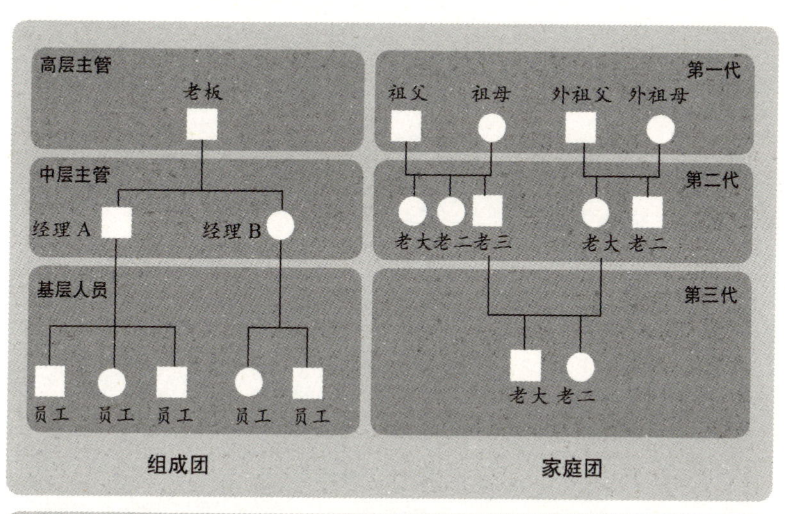

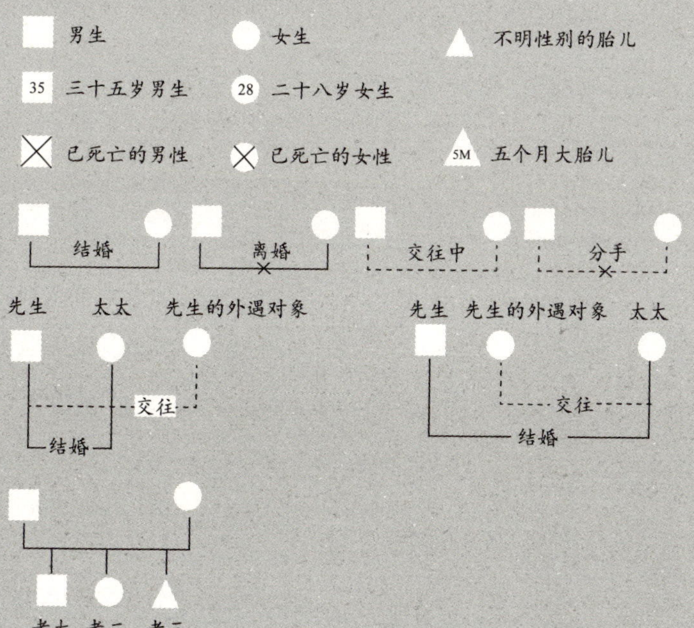

男生
女生
不明性别的胎儿
35 三十五岁男生
28 二十八岁女生
已死亡的男性
已死亡的女性
5M 五个月大胎儿
结婚
离婚
交往中
分手
先生
太太
先生的外遇对象
交往
结婚
先生
先生的外遇对象
太太
交往
结婚
老大
老二
老三

▲家庭图的运用（符号代表的意思）

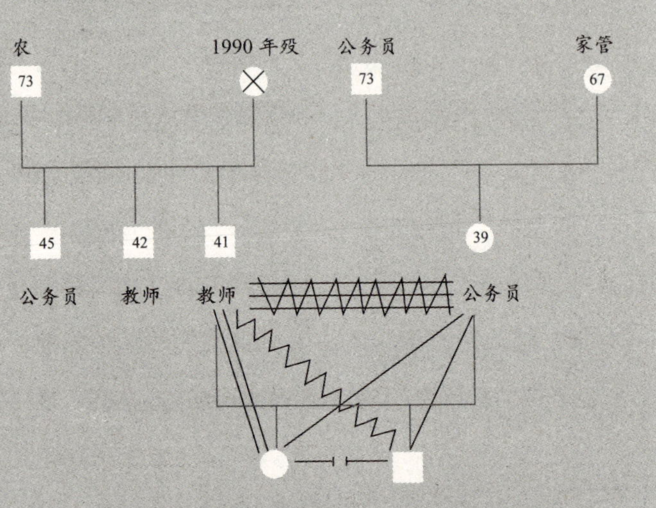

关系友好 ———

关系亲密 ═══

关系紧密 ≡≡≡

关系冲突 WWW

关系疏离 -------

关系隔离 —┤ ├—

家庭图信息：

- 家庭成员年纪
- 身心健康情况
- 居处，包含搬家的时间
- 收入和工作
- 生育史，包括流产、存活和堕胎
- 婚姻和亲密关系
- 出生、死亡日期和结婚、离婚日期
- 最高学历

通过组织图或家庭图把困扰自己的关系表现出来，就容易找出脉络。

情绪压力会在组织中或家庭中流动，而焦虑会在人与人之间互相影响，通过视觉化图像就能清楚关系中的样貌与焦虑流动的来源与去向。

我们发现通常在系统中较为脆弱的人可能会出现适应不良的症状，然而出现症状的人不一定是低自我分化者，高自我分化者情绪成熟度较高，在遇到超负荷的压力时，仍有可能会出现症状。

这些症状可能是职场急性压力所挑起的，进一步追溯，或许也有原生家庭所引发的自动化情绪性反应。

因此要了解一个人发生了什么事，除了看懂现在，还要回到过去，可能其中有些慢性焦虑正如同紧箍咒般，在特定主题上出来搅局。

回到自己身上，同样需要“回家做功课”。就是从自己出发，当焦虑产生，看看自己可以做什么改变现况，而不是把念头放在“都是别人的错”上。

如同教练会谈时，教练引导觉察的焦点，在个案自身而非他人身上，通过个人的发现与反思，找出可行的行动方向。

画出并看懂自己在职场和家庭中的角色位置后，接着问自己，在自己的角色位置上，什么是需要做的和不能做的，而做决定的立场和原则是什么?

当想清楚后，就不容易被自己和他人的情绪牵着走，可以自己决定什么时候要和谁保持融合，什么时候要保有自我的独立性。自我分化较高的人，焦虑较少，生活问题和情绪融合问题状况较少，关系较佳，会有较好的决策判断能力，也较不在意他人的眼光。

自我分化较低的人，焦虑较多，生活问题和情绪融合问题状况较多，关系较差，拥有较差的决策判断能力，同时较在意他人的眼光。

当你开始尝试自我分化时，试着在关系中挑战降低融合，周遭的人或许会要求你“变回来”，他们会说：“你错了！”要求你变回融合的状态，可能也会开始情绪勒索：“如果不照着做，将会付出代价。”

那是因为提升自我分化的开始，就会在不同层面上违反原本习惯的自动化反应，所以我们要有所准备，一定会遇到阻碍与抗拒，不论这个阻碍与抗拒是来自自己、他人，还是惯性系统的某一部分，只要保持冷静，与每个人持续地接触，一致性地往自我分化方向上进发，慢慢提高自我分化程度，身边的人就会有所改变，整体系统也会向上提升。

3. 观察历程

在前面的章节中，我们陆续谈到观察历程的重要性，其中第一件事是尝试将自己放在人际互动中“观察者”的位置，这不是一件容易的事，在互动中，我们很容易因为系统中的情绪流动而吸收焦虑或引发自身的焦虑，将自己放在观察者的位置上，就是要让自己有意识地与核心事件拉开距离，减少激发情绪的强度，如此我们才能在较稳定的心理状态下，观察自己和他人，还有关注互动中发生什么事。

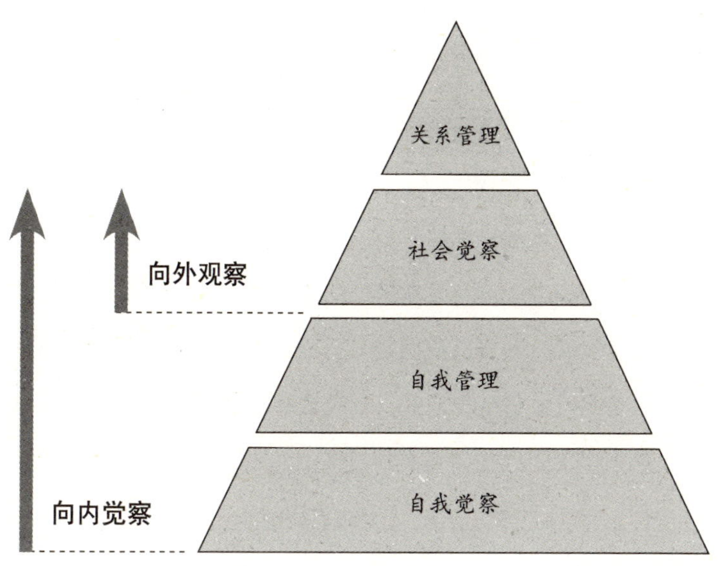

向内觉察包含：自我觉察和自我管理。指的是回到自身内在的觉察。

向外观察包含：社会觉察和关系管理。着重指自己以外的他人和人我之间的关系。

当我们稍微离核心事件或焦虑远一点，就要启动“向内觉察，向外观察”的练习。

自我觉察

有能力觉察自己的情绪，并留意情绪的变化。

倘若你原本就是较理智的人，对情绪的感知力较弱，那么就多留意生理症状带给我们的压力信息。例如，压力较大时可能会有内分泌失调等问题，例如经期混乱、皮肤湿疹；有的人免疫系统可能会发出警报，例如容易感冒、过敏、慢性疲劳；有的人则会自律神经失调，例如感到浑身不对劲，胸闷、心悸，或者有睡眠障碍等。

症状的产生是在提醒我们焦虑和压力已经超负荷，必须先适度地离开压力源或找方法降低压力强度。若压力已经引发自动化情绪反应，则可以问问自己，一直在害怕、恐惧的那个想法是事实吗？或只是自己对未来的想象与猜测。

如果是事实，我们要做的是接纳并照顾自己的情绪，而不是压抑、否认或忽略情绪，因为越是压抑、否认、忽略情绪，就越会加强反应，不断提醒人收取警报。

若恐惧的想法是自己根据过去经验、想象和猜测而来的，则可以先有意识地让自己的想法停下来，在想法上踩刹车。为的是不再让持续扩大的想象引起更强烈的情绪，当然也是为了能减少自己在冲动下做出情绪性行为。

自我管理

有能力运用对于情绪的觉察，保持自我的弹性，能让自己抽离，不掉入情绪的旋涡，并以观察者的角度，观看自己在刺激事件下的自动化情绪历程。

自我管理引导个人行为反应是一项必修的功课。愈能待在观察者的位置，情绪愈能被自己控制，因此不要让情绪历程被无意识的运作重复不合时宜的反应模式。

刚开始做觉察练习，你可能会发现自己又在负向的行为模式里反复循环，不免感到懊恼，然而此刻不用懊恼，而要为自己开心，因为已经启动觉察机制，有所发现代表不再被无意识的自动化模式控制着，自己已经从无意识提升到有意识的状态，自动化情绪历程的觉察相应会愈来愈快，尝试改变模式，看看能有什么新的变化。当累积有新的做法和行动后，就能检核如何反应会更好。

自我分化即是在思考后，自己选择的决定。我们都要为自己的选择所产生的后果、代价及情绪负责。因此即便是经过思考有意识的选择，与自动化反应的选择结果是一样的，但想过之后采取的行动与无意识的行动，所产生的感受是不同的。

社会觉察

有能力了解自己的情绪，并能观察自己的自动化反应，才有能力了解别人的情绪，并知道发生什么状况。

学习心理学或担任教练工作的人都有相似的经验，自己有过类似的自我探索体验，不断在生活中练习自我分化，就越能理解迈向自我分化的过程。因此不是先思考怎么改变别人或如何帮助他人，而是先“回家做功课”，回到自身，落实行动，才更能知道别人可能会遇到的阻碍和困难，也才能理解别人可能会有的反应和历程。

在组织中也是如此，传递情绪的人通常是组织中最能表达情感的人。因此，如果团队的领导者常表现正向与积极的情绪，就能把较愉悦的氛围传递至组织中；如果领导者容易投射负面批判的情绪，那么组织的氛围就会较负向与对立。如此可以理解，人际间只要有互动，不论是家庭或组织里，情绪间的相互感染随时都在发生。

关系管理

有能力对自己与他人做情绪的觉察，便可以观察自己内在自动化情绪历程，同时也能在关系互动中观察个体与个体之间会激发出什么样的自动化情绪反应模式。关系管理是通过思考促进关系利益最大化的行动，而不是只考虑自身利益，即经营“你好，我也好”的互动人际关系。

在组织中若能有更多开放与沟通管道，同时能评估与接收到彼此发出的信息，团队更能强化互动关系，团队目标与共识就愈容易和谐一致。

4. 领导者的系统观

鲍恩理论强调系统观能协助领导者更全面地探查组织关系脉络。莫瑞•鲍恩指出，一个领导者应是：“带着勇气去界定自我，愿意为家人与自我的幸福去努力，不生气也不教条式地告诫他人，将自己的能量放在改变自己上，而非告诉别人该怎么做，能够知道并尊重他人多元的意见，能够调整自己去面对团体的优势，而不被别人不负责任的建议所影响。”

很多领导者都有同样感慨，在职场越往高处爬，越感到孤单，能讨论商量的人和支持理解的人逐渐减少，增加的更多是对立与难防的明枪暗箭，毕竟位高权重是很多人的渴望。即使彼此没有利益关系，光是看着你享有甜美的果实，对有些人来说就够刺眼忌妒的了。

我在鲍恩理论的授课中常常会播放《狼改变河流》的影片，

为的就是协助学员了解，理论在教我们“见树又见林”的方法，而这样的系统思考方式需要经过训练，因为多数人太容易以因果关系来分析及解决问题，然而这只会让职场或系统中的真正问题没有机会被发现和讨论，为求效率，治标不治本可能可以暂时解决问题和症状，但一段时间后会发现，同样的问题和症状又会再次出现。

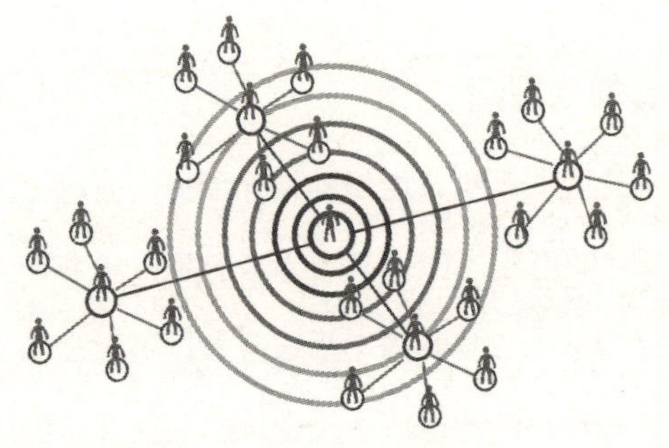

系统思考来自对自然系统的事实观察，所有的关系都是互动的，而非单一因素造成的，所以没有人需要被责备，也没有人是问题人物。增进自己系统思考，尤其是理智系统，更能让自己有能力观察自己以及自己与环境的关系，进而反思整体运作的现象和自己在其中的角色。

学习鲍恩理论最重要的目标之一，在于在家庭系统与组织系统中界定自己（define self）。自己是谁、在什么位置，自己在这个位置上哪些事会做、哪些事不会做，并辨别系统中所发生的现象，经过思考后形成新的行为反应。如此，不仅能提高自我分化，而且能使自己成为系统中的领导者。

著名学者费·艾德在 1991 年指出，高自我分化的领导者需具有以下关键能力：

1. 在情绪紧绷的系统中，有能力界定自己的立场。

2. 当他人要求“我们”要怎样时，能够说出自己的打算。

3. 有能力轻松面对他人的反应，包括不被两极化或选边站。

4. 面对他人的焦虑，能够保持不焦虑的状态。

5. 理解事情的来龙去脉。

6. 在系统的情绪压力下，能够消除自动化的融合反应。

7. 清楚自己的价值观和目标。

8. 对自己的情绪状态与命运负起最大的责任，而非责备别人或环境。

由此可见，系统的领导者不能局限于对自己有利的角度，也不能只看见系统的局部，而是要看见整体的、全面的系统，要多探索未知的、对个人与理解事实有益的问题，面对过去容易忽略的事，更需提升自己发现与处理的能力。

系统中的领导者不仅要懂得反思，更要展开有意义的对话，将自己过往习而不察的主观认定改为更开放的心智模式，积极主动解决问题且更愿意与组织中的伙伴共创美好的目标与未来。

第4章

从融合到自我分化之路

在第2章我们看到渴望被看见的淑芬，通过她的案例特点，例如：业绩做不起来，上班明明很忙却无法提高绩效，满腹委屈，落寞失意，等等，你是不是也因此更能察觉到自己的问题或症状？或许你也像淑芬一样，开始自我怀疑，为何已经认真工作，业绩仍做不起来，到底是自己不适合这个工作，还是不够努力？

在此章节中，我们将更加深入地说明淑芬的情绪历程。淑芬的经验与感受是职场当中常见的类型，她的经历是许多职场人的缩影，譬如在职场中有些人有着非常忙碌的工作表象，但成果却寥寥无几；或是在部门中承担较多的事务，却没有受到重视；或是自我价值感低，缺乏自我肯定的能力，把自我的价值交由他人定义。

因此，通过一对一的教练过程，我们可以看见淑芬是怎样从融合到自我分化的，希望读者也能够在淑芬自我分化的过程当中启发觉察，看见自己，帮助自己。

淑芬的家庭如同多数家庭一样，有着长兄如父、长姐如母的价值观，老大照顾弟弟妹妹就像是与生俱来的责任，而这责任也成为她成长过程中无形的枷锁。淑芬在家中照顾弟弟妹妹，转换至工作场所，也把“照顾客户”的重要性凌驾于工作绩效之上。

但是最年长的孩子并没有忘记自己也曾是家中唯一的孩子，因此在弟弟妹妹出生之后，会开始注意到原本专属于自己的关怀好像被分割去，而缺失的这部分可能会形成心理上的匮乏，需要不断地、再度地得到关注。

需要尽照顾之责的责任感与希望再度得到关爱的心情，二者形成了无形的、微妙的冲突，进而演变成不断付出，也不断要肯定的一种循环。

因为跟主管的关系胶着，淑芬晚上常难以入睡，或是凌晨三四点就醒来，不想上班，整日精神不振，看到镜子里憔悴的自己，感到难以接受，因此更加自我否定。当淑芬察觉到自己不对劲，便找中医调理睡眠问题，但心里的慌乱与焦虑却未获得改善，反而愈来愈明显。当医生建议可寻求心理科协助时，淑芬才意识到自己需要被帮助，情绪也需要出口。淑芬决定听从同事建议，找教练进行咨询会谈。

淑芬压抑的情绪如同溃堤的水流般不断地涌出，她的情绪紧绷已经持续了好长一段时间，无法好好睡觉，只要一躺上床就想着业绩板上还挂着零。这种情况下，每天早上进办公室简直是煎熬，想不通自己整天忙到爆，也很努力表现，但业绩仍一直做不好，难道真的是自己没有能力？

当淑芬的情绪很满、很强烈时，教练并没有直接分析问题或提供解决方法，而是先接纳淑芬在当下满溢出来的情绪和眼泪。等淑芬缓缓平息后，教练才开始引导淑芬觉察自己的情绪，并厘清她的真正想法与需求。教练询问淑芬，对内可以为自己做些什么来照顾高涨、紧绷的情绪，让过高的焦虑和压力可以趋缓；对外可以做些什么来因应压力，让自己有个缓冲的空间。

淑芬把教练的提问带回了家。

辨别情绪四步骤

当晚淑芬上床后，和以往一样辗转难眠，同样开放自动化反应，又开始想着明天早上要盘点业绩了，“我还是挂零怎么办”，反复烦恼与担心着，直到胃一阵绞痛，淑芬想起教练的提问，当焦虑时先开始辨认情绪，于是按照教练辨认情绪的四步骤开始练习。（可参照觉察练习单来练习）

一、暂停情绪性思考和反应：把注意力放在呼吸上。淑芬运用教练提醒的腹式呼吸法，先暂时停下因焦虑引发的强迫性思考，虽然还是会有思绪乱入或飘走的情况，但仍然依照教练说的，不断将注意力转回呼吸上。

二、辨识情绪：辨识情绪是在了解情绪源头究竟是对人还是对事。过去淑芬很少接触自己真实的情绪，常常忽略或压抑它，以致忍受不了时，情绪风暴如海啸般击垮自己，也因此影响到人际关系。

通过这个练习，淑芬辨识到焦虑的源头正是自己——害怕表现不够好，担忧因表现不佳而被否定。

三、厘清事实与想象（以为 / 猜想 / 假设）：会谈咨询时，教练问淑芬，什么是够好的自己？是否见过没有挫折的人？

理智上淑芬知道每个人都难免有挫折，只是不知为何面对自己时，只容许有好的发展，不承认有挫折或困难存在的空间。当淑芬厘清自己的感受时，对这一点的发现感到不可思议。

四、采取行动：对内照顾自己的情绪，对外因应自己的压力。淑芬发觉不能只是想，而是要行动，这样才能检核与改善。淑芬照着教练的指导，思考着开启下一步：

对内：我可以做些什么照顾自己的情绪？

淑芬决定继续运用四步骤练习，先采用暂停，让自己减少不自觉地进入焦虑的恶性循环。

对外：我可以做些什么因应急性压力？

淑芬安稳住情绪，发现注意力不再束缚在焦虑上，能够辨识情绪源头：压力源头来自人或事件。若是来自自己，就进行情绪的梳理；若来自事件，就对事件本身进行处理。再进一步厘清急性压力是自己“以为的”还是“猜想的”，或是事实可以被讨论的。厘清后再决定将采用的下一步行动。

当淑芬把教练提供的上述四步骤做过一遍后，情绪立即得到了调整，同时清理出部分心理空间。

4-1 找出你的症状

在鲍恩理论里，每个核心家庭与组织就是一个情绪单位，影响个人的事情也会影响到系统中的其他人。家庭或组织里的情绪流动就是成员间互相影响的方式，当吸收到过多焦虑以致压力超出个人所能负荷时，就会衍生出症状。正是这些症状转移了我们存在于关系或环境中的焦虑及不安的能量。

生理症状：淑芬的失眠问题已持续许久，躺到床上 2~3 小时后才能入睡，只要想到要开早会就感到胃灼烧般不舒服。

心理症状：情绪起伏大，比过去没耐性，容易因为一点小事而生气，情绪低落，提不起精神。

社交症状：渴望他人肯定和认同，过度付出得不到反馈就自我怀疑、自我否定，需要依附于他人，将自我价值感建立在他人对自己的评价上，向人抱怨，得不到支持就不停拉三角关系。

经过一次次的自我觉察练习，慢慢整理归纳自己的症状后，接下来就要了解引发症状的压力源有哪些。

当你感到压力或焦虑难以负荷时，可以试着记录下自己的症状：

生理症状	…………………… …………………… …………………… …………………… …………………… …………………… ……………………

心理症状	
社交症状	

4-2 找出你的压力源

淑芬一直以为自己最大的烦恼是业绩挂零，业绩无法达标让她感觉到压力很大，这就是急性焦虑（压力）。急性焦虑长时间没有改善，慢慢就会累积变成慢性焦虑（压力）。

淑芬所在的职场是一个业务单位，多数人表面上会刻意呈现积极、乐观、活泼、主动的状态，而公司也会提供蛮多舒压与放松的活动，像是聚餐、旅游及公开表扬等。吃吃喝喝与出游度假对绩效好的人来说，确实是锦上添花，然而对于真正需要协助的人来说，其实起不了雪中送炭的效果。

情绪没有得到纾解与照顾，业绩归零的压力仍会每个月、每一季、每一年循环，淑芬跟主管的别扭越来越多，情绪起伏越来越强烈与频繁，生理上的症状也陆续出现。相对于淑芬表面上的急性压力，在一对一的教练访谈中，教练探索着其他增强淑芬感到焦虑的因素，询问了许多关于淑芬与家人之间的关系，以及她成长过程中的重要经验。

淑芬说出内心一直有的感受与想法：她很害怕别人不喜欢她，所以很努力付出，渴望能被喜欢和重视。

教练继续引导她，什么时候开始有这样的担忧和想法？淑芬表示从小一直都有。小时候的经验影响至深，以往没有深入去想过或注意过，然而原生家庭的早期经验所形成的自动化情绪历程直至现在，一直在运作着。

在鲍恩理论里，通过系统思考会更清楚了解人与人之间的运作方式，发现自己在家庭中的功能性位置以及在其他场域，包含职场的功能性位置。这样的功能性位置不是刻意安排或计划的，而是经由自动化情绪历程传递焦虑的方式，每一个人都会在家庭情绪单位里承担不同的角色。

功能性位置包含鲍恩理论的三个重要概念：家庭投射历程、多世代传递历程、手足排行。

写下你自己察觉的压力源

....

....

....

4-3 画出你自己的家庭图

淑芬在会谈中，和教练合作整理出自己的家庭图，同时也思考着自己哪些部分受原生家庭影响：

1. 我在家中的排行是？

淑芬是家中第一个孩子，排行老大。

2. 我有哪些符合手足排行的特质？这些特质的来由为何？

淑芬最常听到别人说她很会照顾人、凡事设想周到、做事负责任、独立主动，但有时也会莫名的担太多责任，或有局外人变事主、好心没好报的衰事，还被人嫌管太多，而这些似乎就是老大的特质。

3. 我有哪些不符合手足排行的特质？可能的因素是什么？

有些朋友和同事同样是家中长女，却是家族长辈的掌上明珠，被视若珍宝，享有很多资源及权利，而淑芬却要承担照顾弟弟妹妹的责任，大概是父母重男轻女，加上家境较艰困，所以才会这样的吧。

4. 我想保持哪些特质？

淑芬觉得自己拥有的特质多数是好的，像是独立主动、考虑周到、做事负责任、让人信任、会照顾人等，只要不太过度就行。凡事太过度的话，好特质反而会变成困扰自己的缺点及产生焦虑的来源。

5. 我可以调整哪些特质？调整成什么样子？

淑芬希望自己别再太爱强出头，不要太在乎别人的看法和评价，多顾虑自己，而不是把别人放在自己前面，忘了照顾自己。

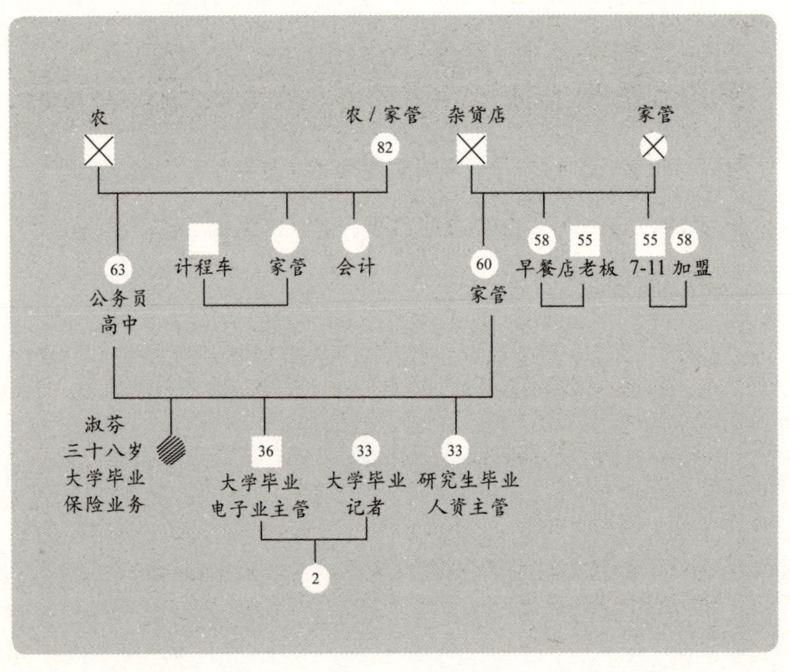

在整理家庭图的过程中，淑芬对家人乃至于这个家族的特色和氛围有了更深一层的理解，在这样一个家族长大当然深受此环境影响。

淑芬排行老大。老二是弟弟，弟弟学业成就和工作成就都很亮眼。而妹妹更是一位有主见又独立的女性，学业成就高，是知名广告公司人资主管。淑芬对弟弟妹妹的情感是复杂的，一方面为他们感到骄傲和自豪，另 方面为自己感到自卑和落寞。

画出你自己的家庭图。

思考自己哪些部分受原生家庭影响

一、我在家中的排行是什么？

二、我有哪些符合手足排行的特质？

三、我有哪些不符合手足排行的特质？可能的因素是什么？

四、我想保持哪些特质？

思考自己哪些部分受原生家庭影响

五、我可以调整哪些特质?

4-4　核心家庭情绪历程

淑芬在成长过程中，参与了父母建立小家庭时的艰辛。她出生时，父母也才二十岁出头，务农的祖父母没能给予经济支援，一切都靠着父母胼手胝足努力打拼。理所当然地，父母从小被教导长兄长姐要照顾弟弟妹妹，带头做好榜样的训诫也教给了淑芬。尽管淑芬实际上才大弟弟两岁，大妹妹五岁，然而从当大姐开始，似乎就失去当孩子的机会，凡事都要做好榜样。没有做到就成了父母口中"没有担起大姐责任"的孩子，弟弟妹妹闯祸也算淑芬的责任，真正有功没赏，不论谁打破碗，她都要受牵连。为了讨父母喜爱和认可，淑芬一直很认真顺从地完成父母赋予她的使命。

弟弟身为长子（独子），获得父母最多关注。淑芬也能感受到在弟弟身上那份望子成龙的压力，由于父亲对弟弟管教严格，父子俩冲突不断，以致弟弟在中学时期成绩大幅下滑，也曾差点走上歪路，还好母亲对弟弟的爱让他及时悬崖勒马回到正轨上。

妹妹则是这个家最聪明的局外人，她出生时，家里环境已大为改善，父母对她的管教也因经验的积累而渐渐由严加管教调整到较自由放任，所以她可以得到较多资源又能较少被要求。淑芬形容妹妹就像是只自由的小鸟，有事大姐扛，累了就回家休息。

自动化的情绪反应

早期家庭经验中形成的功能性位置致使淑芬时常主动地照顾他人、为他人服务，自动自发地思考别人需要什么，或做什么会让大家更满意。

当她埋头苦干，却未得到预期回报，甚至换来一些批评，例如："淑芬都没有问我们，就自作主张把事情弄成她以为的样子""为什么她只做她想做的，还自认为对大家好""淑芬不知道在辛苦什么，连自己身体也顾不好"……这些话语传来传去，她听到后开始感到焦虑。

淑分持续练习辨识情绪，试着不让情绪被激发，并整理出了她自己常出现的自动化情绪反应。

从淑芬的自动化情绪反应来看，如果没有调整，她大概会一直处在自我怀疑和自我否定的循环中，若没有打破这个惯性或模式，淑芬会深陷其中，就像有个负向的旋涡把人深深地卷进黑暗的深渊一样。

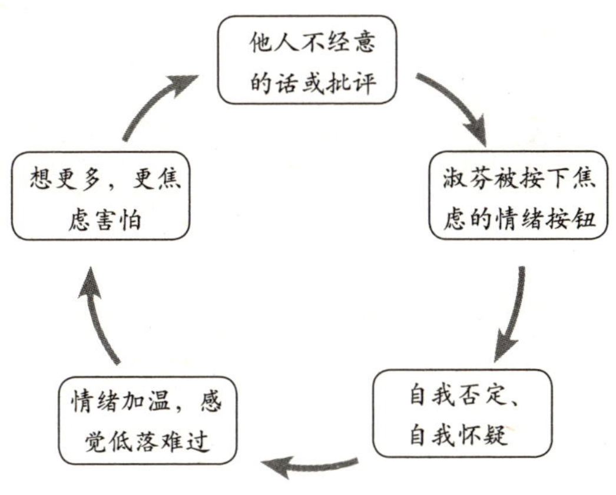

淑芬找教练一起讨论，可以从哪里打破这个循环，而这个方式是她自己可以做到，而不用依赖别人的。

讨论过后，淑芬认为“自我否定、自我怀疑”这一环节似乎太放大负面结果，好像可以缓一缓，先把事情弄清楚，厘清并核对一下自己的想法是事实，还是自己情绪化的想象。

淑芬的自我观感建立在他人对她的看法上，所以很容易在乎他人的眼光和评价，这就是前面章节中提到的“未解决的情绪依附”。在原生家庭中一直想满足父母或主要照顾者的要求或期待，却等不到肯定及认同，这份需求便会转向其他人际关系中。当淑芬落入自己的自动化情绪反应时，急性焦虑和慢性焦虑一起作用，这份需求就更加得不到。

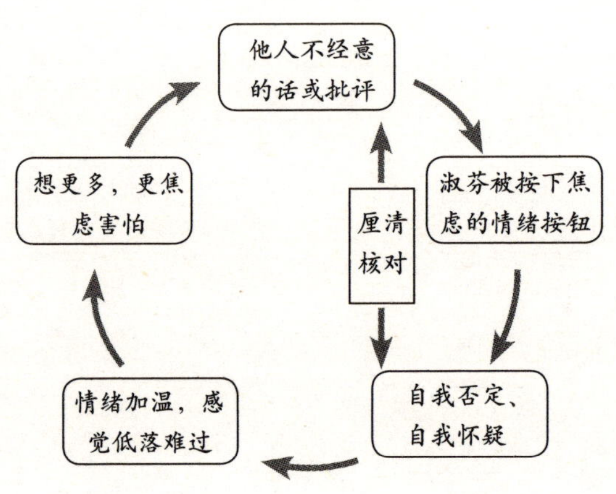

当逐步理出淑芬的个人内在系统所发生的事，自动化情绪反应再开自动导航时，就能在觉察时练习踩刹车。淑芬真心觉得这不是一件容易的事，必须立足于培养自己的觉察能力，先要觉察情绪，照顾安顿情绪，再就是觉察自己要进入自动化反应或正在发生自动化反应时踩刹车，让旧有的模式和惯性不再重复循环。

通过持续练习，淑芬从不断地掉到自动化思考与反应的挫折感中，到觉察到自己自动化反应模式时踩刹车，已经是很了不起的改变。整个教练过程中淑芬不断练习、觉察、发现，把自己当成观察者和研究者，持续观察、思考、行动，虽不会一步到位，但慢慢探寻总会找到适合自在的人我互动方式。

4-5 运用理论，成为更好的自己

学习鲍恩理论的人多数会认同“当你懂理论时，你就会运用它”。

从淑芬一次次与教练一对一咨询会谈，看得出来她再也不愿意让自己待在负向的循环里。以前她只知道自己的情绪起伏很大，很强烈，常常搞得身心不舒坦，但因过去从来没有学过如何好好对待及照顾自己的情绪，只能任由自己被情绪绑架却束手无策。

当淑芬开始一对一教练后，懂得学习向内觉察及向外观察，慢慢地打开了她的敏感度与观察力。这同时也是鲍恩系统观两项很重要的能力。

在自我分化过程中，淑芬发现自己有时又开启自动导航，落入旧有的自动化情绪反应，然而这都是必经的过程，旧有的反应模式需要有够多的好经验来改写它。经过咨询协助，以及自己的努力，淑芬渐渐可以跳脱不良的惯性反应。同时通过学习理论，淑芬也能看懂自己、人际关系以及团体发生什么事，提升评估及处理情绪的能力。

自我分化是一生的功课，对于自我提升淑芬有很高的期待，越来越清楚地界定自我，而不是被他人定义或评价。

其实每个人都有很高的可塑性，从淑芬的案例中，我们看到了她通过一次次的小改变，正一步步朝向更好的自己走去，就是最好的印证。

＊本章系模拟案例，如有雷同，纯属社会同根源下固有的文化及价值观。